KB172413

Florapedia

꽃

Florapedia
꽃

캐럴 그레이시 지음
에이미 진 포터 그림
김아림 옮김

한길사

Florapedia:
A Brief Compendium of Floral Lore
By Carol Gracie and Amy Jean Porter

이 책은 코로나-19 팬데믹 기간에 쓰였다.
의료계의 최전선과 다른 여러 필수적인
보건 서비스를 통해 우리를 보호하고자
심각한 위험을 감수하며 매우 열심히 일했던
모든 사람에게 이 책을 바친다.

일러두기

- 이 책은 Carol Gracie가 쓴 *Florapedia*(Princeton University Press, 2021)를 번역한 것이다.
- 독자의 이해를 돕기 위해 각주에 옮긴이주를 넣고 '—옮긴이'라고 표시했다.
- 표제어에 실린 식물의 경우, 속 이상의 분류군을 통칭하는 명칭은 해당 분류군의 속명을 나타내는 우리나라 식물의 일반명으로 옮겼다(예: Lotus → 연꽃).

글을 시작하며

"대지는 꽃 속에서 웃는다."

랄프 왈도 에머슨Ralph Waldo Emerson의 시 「하마트레이아」Hamatreya 에서 종종 인용되는 한 구절이다. 한때 대지를 지배했다고 뽐내던 사람들의 몸뚱이를 대지가 되돌려받는다는 이 시의 어두운 맥락 보다는 꽃이 대지의 환희를 드러내는 방식으로 사람들에게 아름 다움과 행복을 안긴다는 의미로 인용되곤 한다.

꽃이 많은 사람의 마음과 영혼에 긍정적인 영향을 준다는 데에 는 의심의 여지가 없다. 꽃향기가 나는 대지의 웃음은 분명 많은 이를 미소 짓게 했을 것이다. 야생화가 핀 들판을 마주하거나 한 송이 꽃을 자세히 들여다보며 그 아름다움에 감동받지 않는 사람 은 마음에 여유가 없는 딱한 사람이다. 꽃은 사랑과 행복, 아름다 움의 상징으로 쓰였으며, 자연 속에 황홀하고 멋진 온갖 것이 있 지만 꽃이 없다면 세상은 정말 무언가 크게 결핍된 장소가 되고 말 것이다.

하지만 사실 꽃은 단순히 풍경을 아름답게 장식하는 것 이상으 로 훨씬 더 대단한 존재다. 나는 이 책에 실린 항목들에 대한 짧은 설명이 여러분에게 꽃이 가진 여러 측면에 관심을 갖는 계기가 되었으면 한다.

꽃은 역사적으로 문화적 의식이나 의례에 사용되거나 의약품,

영양제, 향수, 심지어 살충제에 이르기까지 여러 역할을 했다. 또 꽃은 전 세계적으로 어떤 지역이나 마을, 국가의 상징이 되거나 명절의 장식품으로 꼭 필요하기도 하다. 예컨대 크리스마스의 포인세티아, 부활절의 백합, 가을 축제의 국화가 그렇다. 그뿐만 아니라 꽃은 결혼식이나 장례식을 비롯한 인생의 여러 중요한 의식과 행사에서 중요한 역할을 담당한다.

이러한 꽃의 삶은 복잡하고 흥미로우며 어쩌면 기만적일 수도 있다. 꽃이 얼마나 중요한지 완전히 이해하려면, 이런 (대부분의 경우) 아름다운 꽃 뒤에 숨겨진 사연이며 환경에서 꽃이 수행하는 생태학적 역할, 꽃이 생활 주기의 주된 목표를 달성하는 방법(재생산), 그리고 꽃이 야생 생물과 사람들에게 얼마나 중요한지 알아야 한다. 이런 이야기는 이 책의 꽃에 대한 여러 항목 아래 설명에서 찾을 수 있다. 여러 가지 점에서 식물의 삶은 동물의 삶만큼이나 흥미롭고도 복잡하다. 물론 지구상에 살아가는 모든 생명의 최우선 목적은 자기 자신을 영속시키는 것이다. 대부분의 동물은 짝을 찾기 위해 이리저리 돌아다닐 수 있지만 식물은 땅에 뿌리 박은 채 움직이지 못하기에 재생산이라는 목적을 달성하려면 좀 더 창의적인 수단을 활용해야 한다. 그에 따라 식물은 꽃가루 매개자를 끌어들여 씨앗을 생산하기 위한 여러 독특한 방식을 도입했다.

동물보다 먼저 지구상에 존재해온 식물은 동물과는 달리 광합성을 통해 스스로 사용할 양분을 직접 만들 수 있다. 광합성이란 식물이 뿌리에서 끌어온 물과 태양의 에너지를 이용해 공기 중의 이산화탄소를 당으로 변환시켜 식물 자신의 에너지원으로 사용하며, 셀룰로오스나 녹말 같은 다른 물질을 만드는 과정이다. 그에 따라 식물은 거의 모든 먹이사슬의 기초를 형성한다. 단순한 해파리에서 고래에 이르는 다양한 해양 생물들의 먹이인 식물성 플랑크톤부터 늑대 같은 최상위 포식자에 이르는 먹이사슬 전체의 바탕에 식물이 자리한다. 포식자들은 다른 포유동물을 먹어 양분을 얻으며, 포유동물은 식물 또는 식물을 먹이로 하는 다른 동물을 먹고 살기 때문이다.

이런 먹이사슬 가운데 식물을 기초로 하지 않는 예외가 있다면 비교적 최근에 발견된 심해 열수분출공 근처에 사는 미생물들이다. 이 미생물들은 화학합성chemosynthesis이라는 과정을 통해 분출공에서 뿜어져 나오는 광물이나 화합물에서 비롯한 화학 에너지를 이용하며, 그에 따라 더 큰 심해 동물들에게 필요한 새로운 화합물을 형성해 방출한다.

모든 분야에는 고유한 용어가 있으며 식물의 세계 또한 예외가 아니다. 이 세계에만 한정된, 식물을 묘사하는 용어들이 존재한다. 이러한 용어들 가운데 일부는 다른 분야에서 다른 뜻으로 쓰이기도 한다. 어쨌든 식물의 형태와 기능을 이해하려면 꽃을 설명하는 이 용어들을 알아야 한다. 그래서 나는 그런 용어들 가운데 일부를 이 책에 포함시켰다. 그중에는 흔한 것도 있지만 좀더 전문적이고 소수만 아는 것들도 있다.

꽃에 둘러싸여 살아가고 일하는 사람들은 정말 행운이다. 여기에는 정원사나 원예가, 식물 디자이너, 장식 예술 분야의 창작자들뿐 아니라 식물 탐험가, 과학 삽화가, 조향사를 비롯해 꽃에서 영감을 받은 음악이나 춤, 그림, 문학 같은 여러 예술 계통의 종사자가 포함된다. 이들 중 일부도 이 책에 소개했다.

A

사진이 발명되기 전,
대부분의 과학 탐사대에는 대원들이
수집한 자료를 기록하는 삽화가들이 포함되었다.

Achlorophyllous plants 엽록소가 없는 식물

녹색을 띠지 않는 식물는 엽록소라는 색소가 없기 때문에 광합성을 해서 <u>스스로</u> 쓸 양분을 생산할 수 없다. 기생식물이나 균타가영양체^{mycoheterotroph} 식물(균류와 협력해 자기가 쓸 양분을 얻는 식물들)이 이런 식물에 속한다. 이 균류는 주로 나무인 기주의 미세한 뿌리에 자신의 균사를 붙인다. 그러고는 광합성을 하는 기주식물에서 탄수화물을 흡수하고 광합성을 하지 못하는 식물에 양분을 운송한다.

이러한 생활 방식을 활용하는 식물 가운데 유명한 식물로는 너

구상난풀은 부생식물로
기주에 간접적으로
기생한다.

도밤나무 뿌리에 있는 절대기생체인 비치드롭*Epifagus virginiana*, 그리고 균타가영양체 식물인 수정난풀*Monotropa uniflora*이 있다.

비치드롭의 묘목은 너도밤나무의 작은 뿌리에 붙어 기주와 기생체 사이를 잇는 생리학적인 다리(흡기)를 형성한다. 비치드롭은 모든 수분과 영양분을 기주 나무에서 얻지만 그 나무에 해를 끼치지는 않는 것 같다. 다 자란 비치드롭은 겉이 갈색이 도는 흰색이며 두 종류의 꽃을 피운다. 꽃잎이 열리지 않아 꽃봉오리 모양인 폐쇄화와 그보다는 더 크고 화려한 개방화가 그것이다. 대부분의 씨앗은 폐쇄화에서 만들어지며 이 씨앗은 열매가 개방될 때 빗방울을 타고 널리 퍼진다. 남은 갈색 막대 모양 구조물은 겨우내 지속된다.

한편 수정난풀은 왁스 재질의 흰색 꽃이 피는 식물인데 가끔은 균류로 오인되기도 한다. 식물과 균류 사이의 균타가영양체 관계가 알려지기 전에 이러한 식물들은 부패하는 잎사귀에서 양분을 흡수한다고 알려져서 부생식물이라고 불리곤 했다. 오늘날에는 무당버섯과에 속한 특정 균류 파트너가 근처의 나무에서 만들어진 양분과 무기질을 수정난풀로 전달하는 통로 역할을 한다고 알려져 있다. 이때 기주가 되는 나무는 수정난풀로부터 아무런 대가를 받지 못하기 때문에 이 식물은 기주에 간접적으로 기생한다고 볼 수 있다. 수정난풀과 친척이며 많은 꽃을 피우는 구상난풀 *Monotropa hypopithys* 역시 비슷한 생활 양식을 지니고 있다.

Angell, Bobbi 보비 에인절

에인절[1955~]은 오늘날 가장 활발하게 작품 활동을 하는 식물 삽화가로 손꼽히며, 과학자들이 과학계에 새로 소개하거나 출판물에서 설명하는 식물을 그림으로 그리는 오랜 전통을 계승하고 있다. 에인절은 대학에서 식물학을 전공했다. 에인절의 재능은 분류학 수업에서 분명히 드러났는데, 이를 본 담당 교수는 제자에게 식물 삽화가라는 직업을 고려해보라고 격려했다. 이렇듯 식물학 지식과 예술적인 기술이 결합되면서 보비 에인절은 오늘날 가장 각광받는 식물 삽화가로 거듭났다.

사진이 발명되기 전, 대부분의 과학 탐사대에는 대원들이 수집한 자료를 기록하는 삽화가들이 포함되었다. 하지만 식물학 탐사의 규모가 줄고 자금 지원도 제한된 오늘날에는 훈련된 식물 삽화가가 현장에 동행해 생생한 식물의 모습을 그 자리에서 그리는 것의 가치를 깨달은 일부 과학자들만이 자금을 간신히 조달해 에인절이 남아메리카 열대우림과 남서부 사막, 카리브 제도, 유럽의 산간 지대를 함께 탐험할 수 있도록 주선할 뿐이다. 현장 스케치는 에인절이 집으로 돌아와 수집된 식물을 기록하는 과학적으로 정확한 삽화를 그리기 전에 매우 귀중한 참고 자료가 된다. 살아 있는 식물을 관찰할 수 없을 때, 에인절은 납작한 압화와 말리거나 절인 꽃으로부터 입체적인 식물의 습성을 재구성한다. 에인절은 해부 현미경을 사용해 꽃과 잎 표면, 씨앗을 비롯해 식물의 모든 측면을 드러내는 세부 사항을 상세하게 묘사한다. 또 에인절은 예리한 눈과 식물학에 대한 전문적인 지식을 지녔기에 다른 과학자들이 알아채지 못했을 수도 있는 식물의 숨겨진 세부 사항을 지적할 수 있다. 현장에서 찍은 사진은 이러한 자료를 보완한다. 이렇게 펜과 잉크로 완성된 에인절의 삽화는 과학적으로 정확할 뿐 아니라 미학적으로 매혹적이다.

에인절은 그동안 뉴욕 식물원을 비롯해 여러 명망 있는 기관의 식물학자들과 함께 작업하면서 수천 장의 식물 삽화를 그렸다. 그리고 런던 린네 소사이어티에서 수여하는 질 스미시스 상[1]과 미국 식물 삽화가 협회에서 수여하는 우수 식물 삽화가 상을 포함해 화려한 수상 경력을 자랑한다.

Anther dehiscence 꽃밥 열림

꽃가루를 방출하기 위해 꽃이 열리는 현상을 말한다. 수술에서 꽃가루가 붙어 있는 부분을 꽃밥이라고 하는데 이것은 보통 하나의 얇은 실 모양의 구조에 붙어 있다. 대부분의 꽃밥은 2개의 엽으로 이루어졌고 4개의 소포자낭(소포자체, 꽃가루 주머니)을 가진다. 수분이 일어나려면 이 꽃밥이 갈라져서 열려야만 한다. 그래야 꽃가루가 방출되어 바람이나 매개 동물을 통해 자기 종의 같

1) Jill Smythies Award: 매년 식물 예술가에게 수여되는 상─옮긴이.

참나리(종선 개열):
꽃밥의 길이 방향과
평향하게 세로 방향의 틈을
이루며 갈라진다.

큰매화노루발(포공 개열):
꽃밥의 끄트머리에 작은
구멍들이 생기면서 꽃밥의
끝부분이 열린다.

때죽생강나무(판상 개열):
꽃밥이 경첩 모양의 작은
덮개에 의해 열린다.

꽃밥 열림의 유형

은 꽃이나 주변의 다른 꽃에 있는 암술머리에 옮겨질 수 있다.

이런 꽃밥 열림에는 여러 유형이 있지만 여기서는 가장 흔한 몇 가지 경우를 소개하려고 한다. 먼저 대부분의 꽃밥은 세로 방향으로 열린다(종선 개열, 세로 열림). 꽃밥의 길이 방향과 평행하게 세로 방향의 틈을 이루며 갈라지는 것이다. 이 틈은 꽃의 중심 방향으로 안쪽을 향하는 내향성이거나 바깥쪽을 향하는 외향성, 또는 안쪽도 바깥쪽도 아닌 옆쪽을 향하는 측면성일 수도 있다. 이렇듯 세로 방향으로 꽃밥이 열리는 식물의 예를 하나 들자면 백합이 있다.

반면에 토마토가 속한 가지과와 블루베리가 속한 진달래과를 포함한 식물의 특정 과에 속한 많은 종은 포공 개열이라고 해서 꽃밥의 끝부분이 열린다. 꽃밥의 끄트머리에 작은 구멍들이 생기면서 열리는 것이다. 이런 꽃이 꽃가루를 퍼뜨리려면 꽃가루가 벌에 의해 흔들려 꽃밥 밖으로 방출되어야 한다. 뒤영벌은 꽃밥을 움켜쥔 채로 불수의근不隨意筋 비행 근육을 떨어 꽃가루를 퍼뜨릴 수 있어 이런 활동을 특히 효과적으로 수행한다.

꽃밥이 판 모양으로 열리는 경우는 이보다 더 드물다. 이런 유형은 녹나무과Lauraceae의 때죽생강나무Lindera benzoin나 매자나무과Berberidaceae의 매자나무류Berberis spp.에서 볼 수 있다. 이런 꽃은 꽃밥이 경첩 모양의 작은 덮개에 의해 열린다.

B

장미와 백합은 성모 마리아를 상징했고
제비꽃은 겸손과 겸양을,
매발톱꽃은 우울함을, 튤립은 고상함을 상징했다.

Bartram, John and William
존 바트럼과 윌리엄 바트럼

아버지와 아들 사이인 이 초창기의 미국 식물학자들은 200종이 넘는 미국산 식물을 재배 현장에 도입했다. 아버지 존 바트럼 1699~1777은 독학으로 식물학을 익히고 북아메리카 동부를 두루 여행한 식물학자였다. 존은 미국 헌법 제정자인 조지 워싱턴George Washington, 토머스 제퍼슨Thomas Jefferson과 자주 연락하며 지냈을 뿐 아니라 식물학에 관심이 있던 벤저민 프랭클린Benjamin Franklin과도 깊은 친분을 쌓았다. 그리고 런던의 부유한 박물학자이자 자신의 후원자가 된 피터 콜린슨Peter Collinson의 도움을 받아 조지 3세 치하 식민지 미국에서 식물학자로 일했다.

존 바트럼은 콜린슨을 비롯한 유럽 식물학자들에게 종자를 보내는 데 그치지 않고 필라델피아 남쪽의 스쿨킬강을 따라 펼쳐진 자신의 땅에 그 씨앗을 심기 시작했다. 또한 존은 꽃이 피는 현화식물을 서로 교배시키는 초기 실험을 한 것으로도 유명하다. 그렇게 바트럼의 정원은 흥미로운 식물들로 가득한, 식물학적으로 중요한 정원의 시초가 되었다. 이곳은 다른 아메리카 식민지와 유럽 대륙 모두에서 식물학자들이 찾아오는 메카로 거듭났다.

바트럼의 후손들은 이 정원을 계속 지키다 결국 1850년에는 다른 소유주에게 매각했다. 그러자 전국적으로 기금 모금 운동이 벌어졌고 1891년에 와서는 필라델피아시가 정원의 소유권을 갖

프랭클리니아는 아들 윌리엄 바트럼이 아버지의 가까운 친구
벤저민 프랭클린의 이름을 따서 명명했다.

게 되었다. 오늘날 '바트럼의 정원'으로 불리는 이곳은 미국에 현
존하는 식물원 가운데 가장 오래되었다. 지금은 바트럼의 집과
원래 있던 정원의 일부가 대중에게 공개되어 있다.

　이 정원에서 볼 수 있는 나무 가운데 가장 흥미로운 종은 차나
무과*Theaceae*에 속하는 프랭클리니아*Franklinia alatamaha2)*다. 이 식물

---

2) 이 나무의 종명인 *alatamaha*는 나무가 발견된 강의 이름인 altamaha에 a
　를 더한 이름이다.

은 1765년 존 바트럼이 조지아주 남동부의 알타마하강 인근에서 발견한 작은 나무다. 존 바트럼은 이 나무가 강을 따라 이어지는 몇 제곱킬로미터에 달하는 곳에서만 무성하게 자란다는 사실을 알아냈다. 이후 존의 아들 윌리엄 바트럼[1739~1823]은 남부 전역을 4년에 걸쳐 탐험하던 중 이 지역에 방문해 프랭클리니아 나무의 종자를 모았고, 1777년에 가문의 사유지에 돌아오며 그 종자의 일부를 심었다. 하지만 불행히도 아버지 존 바트럼은 자신의 정원에 핀 동백을 닮은 아름답고 하얀 프랭클리니아 나무의 꽃을 보지 못하고 그해 말에 세상을 떠났다.

야생에서 발견된 이 종의 사례를 마지막으로 기록한 사람은 1803년 영국의 식물학자 존 라이언[John Lyan]이었다. 이후로 이 종을 찾으려는 시도는 무위로 돌아갔다. 비록 그 나무가 1840년대까지 원래 자리에 남아 있었다는 소문이 있었지만, 결국 프랭클리니아는 야생에서 멸종되었다고 선언되었으며 그 원인은 알려지지 않았다. 아들 윌리엄이 아버지의 가까운 친구 벤저민 프랭클린의 이름을 따서 명명한 프랭클리니아는 이제 인위적으로 심어 기르는 형태로만 존재한다. 지금 있는 모든 개체는 윌리엄 바트럼이 1777년에 가져온 씨앗에서 비롯했다. 즉 이 종은 멸종의 위기에서 구해졌으며 언젠가는 적당한 야생 서식지에 다시 심어질 것이다. 비록 오늘날 바트럼의 정원에 있는 나무는 그 당시 있었던 나무들 중 하나가 아니긴 하지만, 이 종은 100년 넘게 살 수도 있다.

많은 사람이 존 바트럼을 '미국 식물학의 아버지'로 여긴다. 바트럼의 이름을 딴 식물들 가운데는 구슬이끼속*Bartramia*뿐만 아니라 채진목속*Amelanchier*의 바트라미아나*Amelanchier bartramiana*라는 종도 있다.

윌리엄 바트럼은 자기 아버지의 자연에 대한 깊은 애정, 특히 식물에 대한 관심을 물려받아 어린 시절에는 아버지의 채집 여행에 따라나서기도 했다. 그리고 14세가 되었을 무렵에는 화가로서의 재능이 확실히 드러났다. 아버지 존은 뉴욕주 캐츠킬산맥까지 향하는 더 긴 탐험에 아들을 데려가 식물 채집을 도울 뿐만 아니라 살아 있는 식물을 그 자리에서 그리도록 했다.

윌리엄이 이름을 알린 계기는 아마도 4년에 걸친 남부 탐험을 다룬 책의 삽화일 것이다. 흔히 '바트럼의 여행'이라 부르는 이 탐험의 결과물은 1791년에 처음 출간되었으며 여행에 대해 길게 설명하는 49단어로 이뤄진 제목이 붙었다. 이후로 윌리엄은 얼마 지나지 않아 광범위한 탐험을 중단했으며, 이후 좀더 사업가적 기질을 지닌 남동생 존이 관리하는 정원을 감독하며 지냈다.

Bird-of-paradise (*Strelitzia reginae*) 극락조화

극락조화과*Strelitziaceae*에 속하는 이 식물은 남아프리카에서 발견되며 볏이 달린 새의 머리와 비슷한 튼튼하고 큰 꽃차례를 가지고 있다. 이 눈에 띄는 종은 전시용 온실뿐만 아니라 전 세계의 열

극락조화는 볏이 달린 새의 머리와 비슷한
튼튼하고 큰 꽃차례를 가지고 있다.

대와 온대 지역에서 관상용으로 재배된다. 꽃차례는 녹색의 겉껍
질(새의 머리와 부리에 해당하는 부분)로 이루어지며, 이곳에서 4개
에서 6개의 큰 꽃이 차례로 피는데 각각의 꽃에는 위로 솟은 밝
은 오렌지색의 꽃받침(새의 볏에 해당하는 부분), 그리고 화살 모양
의 길쭉한 푸른 꽃잎(실제로는 2개의 꽃잎이 융합되어 있다)이 있다.
이 꽃잎 또한 볏의 깃털처럼 보인다. 융합된 꽃잎 안에는 생식 구
조를 숨기는 세로 방향의 홈이 숨겨져 있고, 그 밑부분에는 꿀샘
을 덮는 더 작은 푸른 꽃잎이 하나 있다.

새들, 특히 케이프 위버 같은 종은 밝고 색이 대조되는 극락조
화의 꽃을 매력적으로 여긴다. 이 새들은 푸른색의 꽃잎에 앉아
꽃 아래쪽의 꽃꿀에 닿기 위해 부리와 혀로 세 번째 푸른색 꽃잎
아래쪽을 조사한다. 그렇게 하면 자신의 무게 때문에 화살 모양

꽃잎의 홈이 열리면서 끈적끈적한 꽃가루 가닥으로 덮인 암술대와 수술이 노출된다. 그렇게 이 꽃가루가 새의 발에 달라붙어 다른 극락조화 꽃에 옮겨지며 수분이 이루어진다. 이런 식으로 극락조화는 식물과 동물 사이에 이루어지는 상호의존적인 공진화의 사례를 보여준다.

건축가와 공학자들은 생체 모방[3]이라는 새로운 분야의 기술을 활용해 이 새가 극락조화에 앉아 융합된 꽃잎을 열 때 관여하는 힘에 대해 연구했다. 이를 통해 과학자들은 플렉토핀Flectofin이라는 이름으로 특허를 받은 유리섬유 보강 플라스틱을 이용해 건물 외벽 차양 시스템의 프로토타입을 설계했다. 이 시스템은 인장 강도가 높고 휨 강도가 낮아서 곡선을 이루며 휘어진 차단막에도 적용할 수 있다. 게다가 이 시스템은 슬라이딩 조인트나 경첩이 없어도 제 기능을 하기 때문에 유지 보수 비용도 크지 않다.

Blackberry-lily (Iris domestica) 범부채

붓꽃과Iridaceae에 속하는 이 식물은 전체적으로 블랙베리와 비슷한 씨앗 그리고 백합과 비슷한 꽃의 생김새 때문에 'blackberry-lily'라는 이름이 붙었다. 하지만 사실 이 식물은 블랙베리와도, 백

---

3) biomimetics: 생물학적으로 생산된 물질이나 성분의 구조나 기능을 모방해 이용하는 기술.

범부채의 열매는 익으면 갈라져
반짝이는 검은 씨앗을 드러낸다.

합과도 가까운 친척이 아니다.

어쩌면 여러분은 이 식물의 예전 학명인 벨람칸다 키넨시스 *Belamcanda chinensis*를 알고 있을지도 모른다. 범부채가 붓꽃과에 속하게 된 것은 비교적 최근이기 때문에 학명을 둘러싸고 약간의 논란이 있기는 하다. 예전 학명에서 알 수 있듯이 이 식물의 원산지는 중국과 동아시아의 몇몇 지역이다. 이곳 사람들은 늦여름에 나비를 유혹하는 오렌지색 꽃을 보기 위해 예전부터 정원에서 범부채를 심어 키웠다. 이제는 전 세계 여러 곳에 도입되었지만 말이다.

미국에서는 건국 초기에 토머스 제퍼슨의 정원에서 범부채를 재배했다고 한다. 제퍼슨의 사저인 '몬티셀로'의 정원에 이 식물의 씨앗을 심었다는 기록이 남아 있다. 오늘날까지도 이 식물의 후손들이 몬티셀로 저택 구내 여기저기에 퍼져 있다.

붓꽃과의 다른 종들과 마찬가지로 범부채의 잎은 부채꼴 모양으로 펼쳐져 있다. 하지만 이 식물의 꽃은 붓꽃과의 다른 꽃들과는 닮지 않았고 오히려 백합과 비슷하다. 범부채의 꽃은 단 하루만 피었다가 이내 코일처럼 꽃잎을 단단하게 휘감는다. 종국에는 검게 변해 그 잔해가 이제 자라고 있는 열매의 끄트머리에 붙는다.

범부채의 열매는 익으면 갈라져 반짝이는 검은 씨앗을 드러내는 삭과^{capsule}인데 이 씨앗은 가을까지도 남아 있곤 한다. 과육이 있는 블랙베리의 열매를 모방한 생김새이기 때문에 새들은 여기에 이끌려 씨앗을 먹은 다음 어딘가 먼 곳까지 퍼뜨린다.

Bloodroot (*Sanguinaria canadensis*) 캐나다양귀비

양귀비과^{Papaveraceae}에 속하는 이 식물은 이른 봄에 피는 야생화로, 서쪽으로는 사우스다코타주에서 매니토바주에 이르는 미국과 캐나다 동부의 삼림 지대가 원산지다. 비록 초봄에 모습을 드러내는 연약한 꽃처럼 보이지만 캐나다양귀비는 린네풀^{Linnaea} ^{borealis}이 그렇듯 봄 한 철에만 잠깐 피었다 사라지지는 않는다. 잎

캐나다양귀비의 붉은 수액은
아메리카 원주민들에게 중요한 염료였다.

은 계속 자라나 여름이 끝날 무렵까지 푸릇푸릇한 초록빛을 유지
한다.

캐나다양귀비는 단형종^{monotypic species}에 속하는데, 이는 이 종
이 상귀나리아속^{Sanguinaria}의 유일한 구성원이라는 뜻이다. 이 종
의 학명과 영어 일반명 모두 식물 전체에서 발견되는 붉은 수액
때문에 붙었다. 특히 땅속에서 수평으로 자라는 독특한 뿌리줄기

에 수액이 많다. 이 액체를 관찰하려면 캐나다양귀비의 잎맥을 살짝 자르기만 하면 된다. 양귀비과에 속하는 식물들은 특정 색깔을 띠는 수액을 지니고 있는데(애기똥풀양귀비^{stylophorum diphyllum}는 노란색, 양귀비^{Papaver somniferum}는 흰색, 캐나다양귀비는 붉은색) 이 액체에는 독성이 있는 알칼로이드(예컨대 아편)가 종종 들어 있다.

4월 초 맑은 날이면 내가 사는 미국 뉴욕주 남부에도 캐나다양귀비의 꽃이 개화한다. 꽃들은 구름이 많거나 비가 오는 날, 밤에는 봉오리를 오므려 수분을 돕는 곤충들이 날아다니기 쉬운 날을 위해 꽃가루를 보존한다. 비록 이 식물 자체가 일시적으로 나타났다 사라지는 것은 아니지만 꽃은 그렇다. 꽃에서 수분이 일어난 직후, 이제 더 이상 곤충을 유인할 필요가 없어지면 꽃잎이 떨어지며 방추형의 열매가 발달하기 시작한다. 이 모든 기간에 걸쳐 캐나다양귀비의 잎 한 장이 다치기 쉬운 꽃자루를 감싸 바람을 비롯한 물리적인 방해물로부터 보호한다. 씨앗이 삭과 안에서 성숙해가는 동안 잎은 더욱 크게 펼쳐지며 복잡한 모양의 잎맥을 따라 불규칙적으로 갈라져 여름 동안 그늘진 곳에서 지피 식물^{ground cover}로 잘 자라난다.

이 식물은 씨앗에 의해 번식한다. 이때 개미들이 씨앗에 붙은 지질 성분이 풍부한 덩어리인 엘라이오솜^{elaiosome, 유질체}을 먹기 위해 씨앗을 가져가 자기 둥지 가까이에 버린다. 그뿐만 아니라 이 식물은 뿌리줄기가 자라거나 가지를 치는 과정에서 영양번식을 하기도 한다.

캐나다양귀비의 붉은 수액은 아메리카 원주민들에게 중요한 염료였다. 이들은 이 식물의 뿌리줄기를 말렸다가 다시 물을 타서 옷이나 바구니를 물들이는 데 사용했고 몸에 바르기도 했다. 그뿐만 아니라 이 뿌리줄기는 기관지염, 천식, 인후통을 비롯한 질병을 치료하는 약재로도 활용되었다. 하지만 FDA에 따르면 캐나다양귀비의 수액에는 알칼로이드 성분이 포함되어 있기 때문에 식물 자체를 섭취하는 것은 위험하다.

이 식물에는 종종 유전자 돌연변이가 생겨 수술의 일부 또는 이따금 전부가 꽃잎이 되곤 한다. 원예업계에서는 꽃잎의 수가 보통의 식물이 가진 전형적인 숫자인 8장을 넘는 꽃을 '플레나'라고 부르며, 수술 전부가 꽃잎으로 바뀌어 꽃이 마치 작은 모란처럼 보이는 꽃을 '멀티플렉스'Multiplex라고 부른다. 식물에 생식을 담당하는 부분이 없어지면 더 이상 번식하지 않기 때문에 꽃잎이 더 오래 꽃에 붙어 유지되는 경향이 있어 정원사들은 이런 겹꽃을 선호하곤 한다.

Bosschaert, Ambrosius, III
암브로시우스 보스샤르트 3세

보스샤르트 3세[1573~1621]는 네덜란드가 무역, 과학, 군사력, 예술의 정점에 서 있던 17세기 황금기에 활동했던 정물화가다. 이 시기에 활발하게 활동했던 다른 예술가들로 렘브란트^{Rembrandt}, 페르메이르^{Vermeer}, 대大 얀 브뤼헐$^{Jan\ Brueghel}$, 프란스 할스$^{Frans\ Hals}$가 있다.

보스샤르트는 네덜란드 정물화를 이끈 선구자였으며 당대의 예술가 전부에게 영향을 미치는 하나의 장르를 수립했다. 그는 화가였던 암브로시우스 보스샤르트 2세의 아들이자 세 아들의 아버지였는데, 세 아들 모두 아버지의 뒤를 따라 꽃과 과일을 중심으로 정물화를 그렸다. 그중에서도 맏이인 암브로시우스 4세(소小 암브로시우스 보스샤르트$^{1609~45}$라고도 불렸다)는 두 남동생들에 비해 아버지의 양식을 좀더 비슷하게 뒤따랐고 삼 형제 가운데 가장 유명해졌다.

전형적인 보스샤르트의 작품들은 매우 사실주의적인 양식으로 그려진 다양한 종류의 꽃병이다. 이 꽃병들은 종종 곤충이나 이국적인 조개껍데기로 장식되곤 한다. 이러한 소재는 그림을 살 만큼 여유 있고 부유한 네덜란드인들에게 무척이나 인기가 높았다. 당시 네덜란드인들은 원예에 아주 관심이 많아서 이국적인 지역에서 들여온 꽃들을 전시하는 유명한 식물원을 설립했을 뿐 아니라 17세기 초에는 튤립에 대한 투기 열풍이 최고조에 달하기도 했다. 이런 회화에서 꽃은 심미적인 대상인 동시에 종교적인 상징이었다. 예컨대 장미$^{Rosa\ spp.}$와 백합$^{Lilium\ spp.}$은 성모 마리아를 상징했고 제비꽃$^{Viola\ spp.}$은 겸손과 겸양을, 매발톱꽃$^{Aquilegia\ spp.}$은 우울함을, 튤립^{Tulipa} spp.은 고상함을 상징했다. 보스샤르트와 그 장남이 남긴 작품들 중 상당수는 튤립을 그 소재로 삼았다.

보스샤르트는 목판이나 구리판에 유화를 그렸다. 그가 그린 그림들은 대부분 작은 편이어서 일부는 12.7×17.8센티미터밖에 되지 않지만, 소재인 꽃과 곤충, 조개껍데기 각각은 아주 정교하게 묘사되었다. 보스샤르트가 남긴 20×17센티미터 크기의 꽃병 그림은 2014년에 경매에 붙여져 464만 5,000달러에 판매되기도 했다.

Botanical illustration 식물 삽화

과학자와 예술가가 손잡고 전 세계의 특정 지역에만 존재해 과학계에 처음으로 소개되는 식물을 기록하거나 그밖의 다른 목적으로 식물을 묘사하는 예술 작품의 한 형식이다. 이런 식물 삽화는 고대 그리스의 식물학자 디오스코리데스^{Dioscorides}까지 거슬러 올라가는 오래된 예술 양식이다. 디오스코리데스는 기원후 50~70년경에 의학계에서 사용되는 식물을 기술하고 그 그림을 실은 『약물지』$^{De\ Materia\ Medica}$라는 여러 권에 걸친 저술을 출간했다.

식물을 찾아 나서는 탐험이 이루어진 초창기에는 대부분의 탐험대에 그들이 수집한 식물(그리고 다른 여러 생물)에 대해 과학적으로 정확한 삽화를 그려내는 작업을 담당하는 화가가 배속되었다. 이 화가들은 아직 살아 있는 표본을 보고 빠르게 그림을 그려야 했고 이 과정에서 종종 쾌적하지 않은 기후 조건이나 성가신 곤충들, 그리고 오지 여행에서 비롯하는 위험 요소들을 견뎌야 했다. 자신이 그리고 있는 대상의 해부학적 구조를 이해하고 세부적으로 묘사할 능력이 있는 화가들이 최고의 삽화 작품을 내놓았다. 이런 작품은 과학적으로 정확할 뿐 아니라 아름답기로도 정평이 났다.

하지만 안타깝게도 오늘날에는 이런 탐험대를 모집하고 운영하기 위해 지원되는 재정은 예전보다 줄어든 상황이다. 자연 서식지의 황폐화와 기후변화 탓에 멸종 위기에 처하기 전에 발견되어야 할 종이 많이 남았음에도 말이다. 이런 재정적인 제약 때문에 이러한 탐험을 수행하는 과학자들은 대부분 식물 삽화가들과 동행하지 못하는 형편이다. 어떤 경우에는 채집한 식물 표본을 누르거나 건조하고, 또는 다른 방식으로 보존한 이후에 비로소 삽화가 그려진다. 이렇게 처리된 표본을 보고 작업하는 삽화가들은 말린 식물에서 살아 있는 3차원적인 식물의 모습을 재구성하는 기술이 필요하다. 아니면 원래의 형태를 보기 위해 눌린 식물을 물에 넣어 살짝 끓이는 방법도 있다.

하지만 현재는 사진 기술이 발달해 수많은 대상을 현장에서 거시적으로, 또는 미시적인 세부 사항까지 정확하게 담아내는 일이 가능해졌다. 그에 따라 식물 표본을 채집한 이후 삽화를 그리는 일은 점차 사라져가는 예술 양식이 되고 있다. 이러한 추세는 홀

룡한 식물 삽화의 아름다움을 알아보고 감상하려는 사람들에게
큰 손실이다.

Bouquet of Peace 「평화의 꽃다발」

많은 사람이 현대 미술의 아버지라 여기는 파블로 피카소^{Pablo}
$^{Picasso, 1881~1973}$가 1958년 그린 포스터 작품이다. 피카소는 일찍이
10대 시절부터 그림을 그리기 시작해 91세에 세상을 뜰 때까지
무려 78년 동안 끊임없이 수많은 작품을 창작했다. 스페인 태생의
이 화가는 유화, 수채화, 도자기, 조각, 콜라주는 물론이고 그밖의
표현 수단까지 아우르는 다양한 양식으로 작업했다. 피카소는 직
업적인 명성과 재정적인 성공을 둘 다 달성한 화가이며 그의 재능
에 대한 평가는 현재 계속 높아지고 있어 현재 한 작품이 수백만
달러를 호가하기도 한다. 피카소의 가장 유명한 작품으로는 반전
운동을 주제로 하는 거대한 유화인 「게르니카」^{Guernica}와 다섯 명의
벌거벗은 여성이 등장하는 매우 양식화된 초기 작품인 「아비뇽의
처녀들」$^{Les\ Demoiselles\ d'Avignon}$, 그리고 한 여성이 거울을 응시하며 자
신의 결점을 알아차리는 모습을 묘사한 「거울 앞의 소녀」$^{Girl\ Before\ a}$
^{Mirror}가 꼽힌다.

피카소의 작품 가운데 꽤 유명하고 자주 재현되는 그림으로
「평화의 꽃다발」$^{Bouquet\ of\ peace}$을 빼놓을 수 없다. 이 작품은 그
가 1958년 여름 스웨덴 스톡홀름에서 열린 평화 시위를 위해 제

작했으며 원래 수채화 물감으로 찍었던 석판화 작품이다. 두 사람의 손이 밝은색의 꽃다발을 함께 붙잡고 있는, 아이가 그린 듯한 이 단순한 디자인은 우정과 나눔, 호의가 평화로운 공존의 기초임을 상징한다. 눈에 띄게 색감이 화려한 이 포스터는 200장이 인쇄되어 번호가 매겨졌고 원작자의 서명이 들어갔다. 피카소는 사람들 사이의 화합을 고취시키는 데 이 포스터가 도움이 되기를 희망했다.

Bunchberry (*Cornus canadensis*) 풀산딸나무

층층나무과^{Cornaceae}의 아주 작은 구성원이다. 풀산딸나무의 '꽃'은 아메리카 대륙이 원산지이고 사람들이 아주 좋아하는 꽃산딸나무^{Cornus florida}와 무척 닮았다. '꽃'이라고 따옴표 속에 넣은 이유는, 풀산딸나무를 본 대부분의 사람들이 꽃이라고 생각하는 부분이 사실은 넉 장의 꽃잎이 달린 작은 꽃들을 둘러싼 네 개의 큼직한 흰색 포엽으로 이루어진 꽃차례이기 때문이다.

포엽은 곤충의 주의를 집중시키는 역할을 하게끔 변형된 잎으로, 빅맥 햄버거를 먹고 싶어 하는 운전자들에게 손짓하는 맥도날드의 황금빛 아치형 간판과 매우 비슷하다. 화려하게 눈에 잘 띄는 포엽은 꽃가루를 수분시키는 동물들에게 여기 오면 먹이를 찾을 수 있다고 선전한다.

풀산딸나무 군집은 북아메리카, 유럽, 아시아 냉대림의 넓은 지

풀산딸나무의 진짜 꽃은
화려하지도 않고
볼 것이 없지만 식물계의
구성원 가운데 가장
빠르게 움직인다.

역을 뒤덮지만 단일 개체의 클론이다.[4] 다시 말해 서로 이어진 군집 속 모든 식물은 유전적으로 동일하다. 하지만 풀산딸나무가 자가 수정을 할 수 있는 건 아니다. 그러니 수분이 이루어지려면 한 클론의 꽃에서 나온 꽃가루가 다른 클론의 꽃에 도달해야 한다.

풀산딸나무의 진짜 꽃은 사실 그렇게 화려하지도 않고 별로 볼 것이 없지만, 식물계의 구성원 가운데 가장 빠르게 움직인다는 점

4) 하나의 개체에서 싹이 돋아 자라났다는 뜻이다.

때문에 그 자체로도 놀라운 존재다. 조앤 에드워즈Joan Edwards 박사에 따르면 꽃이 봉오리 안에 있을 때 수술은 팽팽하게 맞닿은 꽃잎 안에서 구부려져 긴장감을 유지한다. 그리고 꽃봉오리가 벌어지기 전에 꽃밥이 먼저 열리며, 꽃봉오리가 성숙하면서 각 수술의 구부려진 부분이 꽃잎 측면 사이로 돌출되어 마치 용수철이 달린 듯 약간의 접촉만으로도 작동할 준비를 갖춘다.

꽃잎의 끝부분이 그곳을 방문하는 곤충에 의해 평소의 위치에서 벗어나 맞물린 봉오리를 벌릴 정도가 되면 수술이 용수철처럼 위쪽으로 튀어 오르면서 꽃밥에서 폭발이 일어나듯 곤충의 몸에 꽃가루를 쏜다. 곤충의 도움을 받지 않고도 꽃잎이 열린 경우라면 공중으로 꽃가루를 발사한다. 경첩이 달린 각각의 꽃밥은 수술대 끝에서 자유롭게 회전하며, 꽃가루가 똑바로 위를 향하는 최적의 지점에 도달했을 때 비로소 꽃가루를 방출한다. 이들은 꽃가루가 곤충의 몸 위에 더 확실히 떨어지도록 꽃가루가 뿜어져나오는 방향을 조절한다. 그에 따라 곤충이 꽃가루를 자기 몸에서 떨어내기보다는 다른 꽃으로 꽃가루를 옮길 가능성이 더 높아진다. 꽃밥은 초당 4미터라는 놀라운 속도로 꽃가루를 내뿜는데, 이것은 중력 가속도의 2,000배가 넘는 빠르기다. 적절한 조건이 주어지면 꽃가루는 기류를 타고 다른 풀산딸나무의 클론 집단으로 넘어갈 수도 있다.

C

열매나 과일을 먹고 사는 동물들은
줄기를 따라 열려 있는 열매에
더 쉽게 접근할 수 있다.

Cardabelle (*Carlina acanthifolia*) 카다벨

바위가 많은 유럽 남부 산간 지역이 원산지이며 꽃이 크고 땅 위에 줄기가 없는 국화과^{Asteraceae} 식물이다. 지면에 커다란 해바라기처럼 생긴 꽃이 납작하게 누운 모습은 꽤 놀라운 풍경이다. 꽃은 톱니 모양의 잎이 황금빛 도는 포엽을 후광처럼 둘러싸고, 이 구조가 대부분 땅속에 파묻힌 짧은 줄기에 붙어 있는 모습을 보면 더욱더 그렇다. 꽃봉오리가 막 생겨날 무렵이면 현지인들은 국화과의 또 다른 종인 아티초크$^{Cynara scolymus}$처럼 이 식물의 꽃을 수확해서 먹기도 한다. 그래서 이들은 이 종을 프랑스어로 '카를리나 아티초크'라고 부른다.

프랑스와 스페인에는 예로부터 카다벨에 대한 미신이 있어 사람들을 보호하는 상징으로 쓰였다. 그래서 악을 피하고 행운을 들여오기 위해 이 식물을 자기 집 문간에 못 박곤 했다. 하지만 사람들이 이렇게 이 꽃을 사용하면서 야생 개체수가 감소했고 급기야 세계자연보전연맹^{IUCN}의 멸종위기종 적색 목록에 등재되기에 이르렀다. 이제는 이 식물을 채집하는 행위가 금지되었다.

한편 행운의 상징인 이 식물이 할 수 있는 또 다른 일이 있다. 바로 날씨를 예측하는 것이다. 습도가 높아져 비가 올 가능성이 높아지면 두상꽃차례[5]가 안쪽으로 닫히고, 습도가 낮아져 건조

5) 여러 꽃이 꽃대 끝에 모여 한 송이의 꽃처럼 보이는 꽃차례―옮긴이.

악을 피하고 행운을
들여오기 위해 카다벨 꽃을
말려 집 문간에 못 박는다.

해지면 다시 열리기 때문이다. 하지만 밤에도 꽃이 닫히고 아침
이 되어야 다시 열리기 때문에 이 기능은 낮에만 유용하다.

카를리나속*Carlina*에는 카다벨뿐만 아니라 이 식물과 같은 지역
에서 자라는 두 종을 포함한 약 30종이 있다. 그 가운데 첫 번째인
난쟁이카를린엉겅퀴*Carlina acaulis*는 예전부터 약용 식물로 활용되었
으며 포엽이 은색이어서 '은엉겅퀴'라고 불리거나, 날씨를 예견하
는 기능 때문에 '날씨엉겅퀴'라고 불린다. 이 종 또한 이따금 문간
에 매달리며 바위 정원 애호가들 사이에서는 정원을 꾸미는 독특
한 식물로도 인기가 높다. 또 다른 종인 카를린엉겅퀴*Carlina vulgaris*
는 조금 더 키가 크며 비슷한 다른 종들처럼 날씨를 미리 알려주
는 지표 역할을 한다.

Cauliflory 간생화

라틴어로 '줄기'를 뜻하는 'caulis'와 '꽃'을 뜻하는 'flos'에서 유래한 용어로, 어린 가지나 잎 사이에 숨겨진 싹 대신 줄기나 가지에 직접 꽃이 피는 식물을 가리킨다. 이러한 식물들은 대부분 초목이 빽빽하게 들어찬 열대우림에서 발견된다. 꽃이 줄기나 가지를 따라 대놓고 드러나 있기 때문에 꽃꿀이나 꽃가루를 찾아온 동물들(보통 곤충이나 새들, 식물을 기어오르거나 날아다니는 포유류들)에게 쉽게 발견되어 수분으로 이어질 가능성이 높다.

반면 식물이 새로 돋아난 부분이나 이파리들 사이에 여기저기 흩어진 꽃은 이런 동물들이 발견하기도 어렵고 발견했다 하더라도 접근하기가 쉽지 않다. 물론 이런 원리는 꽃에서 생겨나는 열매에도 똑같이 적용된다. 즉 열매나 과일을 먹고 사는 동물들은 줄기를 따라 열려 있는 열매에 더 쉽게 접근할 수 있다. 그리고 이 동물들이 열매의 달콤한 과육을 먹고 씨앗을 버리거나 배설하면 그 씨앗은 나무 아래라든지 약간 거리가 떨어진 곳에 흩어질 것이다.

이러한 특징을 보이는 식물 가운데 가장 유명한 종은 코코아와 초콜릿의 원료를 제공하는 카카오*Theobroma cacao*일 것이다('초콜릿' 항목에 실린 삽화 참고). 간생화에 속하는 다른 종을 꼽자면 빵나무*Artocarpus altilis*와 잭프루트*Artocarpus heterophyllus*를 들 수 있는데 이 식물은 매달린 열매의 길이가 최대 약 0.9미터에 이른다. 또 호리

병박나무*Crescentia cujete*의 줄기에 붙은 커다란 목질의 열매는 아마존 지역에서 장식용 그릇을 만들거나 카누 안쪽에 찬 물을 퍼내는 박으로 사용된다. 대포알나무*Couroupita guianensis*를 포함한 오예과 Lecythidaceae의 몇몇 구성원을 비롯해 아메리카 대륙이 원산지이며 분홍색 꽃이 피는 캐나다박태기나무*Cercis canadensis* 또한 이러한 특징을 보이는 온대 지방의 나무다.

어쩌면 여러분들은 간생화를 뜻하는 단어 cauliflory와 비슷하게 들린다는 이유로 콜리플라워*Brassica oleracea*라 불리는 채소도 이런 특징을 갖지는 않나 궁금해할지 모른다. 물론 콜리플라워의 머리 부분은 피지 않은 꽃봉오리들의 조밀한 군집으로 이루어졌다. 하지만 이 꽃봉오리들은 줄기가 아닌 큰 꽃자루에서 나오기 때문에 이 종은 간생화의 요건을 채우지 못한다.

Chocolate 초콜릿

초콜릿은 중앙아메리카와 남아메리카의 열대 숲이 원산지인 아욱과Malvaceae 식물 카카오*Theobroma cacao* 씨앗에서 생산해낸 우리가 먹을 수 있는 산물이다. 초콜릿 애호가라면 카카오가 '신들의 음식'이라는 뜻을 지닌 '*Theobroma*'라는 속명을 가진다는 게 당연하다고 여길 것이다. 하지만 코코아 가루를 만들어내는 씨앗의 안쪽은 쓸쓸한 알칼로이드 성분으로 덮여 있어서 사람을 비롯한 여타 포유류들이 쉽게 먹을 수 없다(감미료를 넣지 않은 제빵용 초콜릿

카카오나무의 속명
'*Theobroma*'는
'신들의 음식'이라는 뜻이다.

카카오의 꽃은
간생화에 속하며
꽃가루를 먹고 사는
깔따구들이
이 종의 수분을
돕는다.

을 생각해 보라). 이 씁쓸한 화학물질은 동물들이 이 씨앗을 먹지 않고 피하거나, 소화 과정에서 상하지 않도록 돕는 보호 작용을 한다.

카카오의 꽃은 간생화에 속한다. 작고 흰, 조금 별난 모양의 꽃들이 나무의 줄기와 가지에서 직접 자라나기 때문이다. 꽃가루를 먹고 사는 깔따구(파리목의 작은 날벌레)들이 이 종의 수분을 돕는다고 알려져 있다. 다른 식물에 비해 상대적으로 적은 수의 꽃들이 열매를 생산하는 만큼 수분은 드물게 일어나야 한다. 원숭이를 비롯한 몸집이 작은 포유류들은 노란색 또는 붉은색을 띠며 두터운 벽을 지닌 이 열매 속 달콤한 과육에 끌려든다. 이 동물들은 열매를 깨물어 연 다음 씨앗을 둘러싼 하얀 과육을 먹어치우고 남은 씨앗은 숲 바닥에 버린다.

아마존 원주민들 역시 이 카카오 열매의 과육을 즐겨 먹었고 오늘날도 마찬가지다. 아마도 인간의 개입을 통해 중앙아메리카에 건너오고 나서야 카카오의 씨앗은 선사시대 메소아메리카 사람들이 귀하게 숭배하는 음료의 중요한 원료로 거듭났다. 사람들은 이 열매를 매우 귀중하게 여겨 씨앗을 돈으로 사용하기까지 했다.

카카오 씨앗은 발효와 건조, 부수기, 볶기, 갈기 등의 여러 과정을 거친 후에야 비로소 우리가 즐기는 초콜릿의 원재료가 된다. 이 과정은 원래 중앙아메리카에 살던 마야인들이 개발했는데, 이들은 씨앗을 갈아낸 다음 고추와 바닐라를 비롯한 여러 향료로 풍미를 낸 물과 섞어서 거품이 나는 쌉쌀한 음료를 만들었다. 이 음료를 접한 탐험가들은 처음에는 먹기 껄끄러워했지만 힘을 내는 자양강장 음료로 소비했다. 음료에 든 카페인과 테오브로민이라는 알칼로이드 성분이 자극제 역할을 했기 때문이다. 그렇게 해서 에르난 코르테스Hernán Cortés는 1530년에 거칠게 만들어진 초콜릿을 최초로 스페인에 소개했다.

스페인에서 초콜릿이 인기를 끌게 된 것은 스페인 사람들이 원래의 초콜릿에 설탕과 계피를 비롯한 첨가물들을 넣어서 먹기 시작한 이후였다. 스페인 사람들만 알고 있던 이 비법은 왕가 사이에 국제적인 혼인이 이뤄지며 유럽 전체로 퍼졌다. 이 자극적인 초콜릿 음료는 커피와 차보다도 먼저 유럽에 도입된 셈이다.

Chrysanthemum (*Chrysanthemum* spp.) 국화

가을이 오면 원예용품점에서 흔히 볼 수 있는 국화과^{Asteraceae}에 속하는 이 꽃은 일본을 상징하는 꽃이기도 하다. 일본에서는 수 세기에 걸쳐 꽃을 활용해 일본을 대표하는 원예 기법인 키쿠('키쿠' [きく]는 일본어로 국화를 뜻한다)에 국화를 사용했다. 키쿠에서 폭포수같이 쏟아지는 꽃들이나 수많은 꽃이 피는 식물 형태를 만들려면 거의 1년 동안 연습해야 한다. 두 가지 형태 모두 수많은 꽃이 동시에 피어난다.

비교적 덜 알려져 있지만 경제적으로 중요한 국화의 용도는 천연 살충제 피레트린^{Pyrethrin}의 원료로 사용하는 것이다. 특히 제충국$^{Chrysanthemum \ cinerariifolium}$이 많이 사용되며 홍국$^{Chrysanthemum \ coccineum}$은 이보다 조금 덜 쓰인다.[6] 피레트린은 곤충을 비롯해 진드기 같은 절지동물에 독성이 있으며 적어도 6가지의 서로 다른 화합물로

---

6) 일부 분류학자들은 두 종을 쑥국화속(*Tanacetum*)에 속한 유연관계가 가까운 식물로 여긴다.

구성되어 있다. 이 화학물질은 대부분 꽃에서 추출되지만 가끔은 꽃 전체를 말린 다음 분쇄해 피레트린 분말을 생산하기도 한다.

피레트린은 곤충이나 거미의 신경계에 영향을 주어 마비를 일으켜 빠르게 죽음에 이르게 한다. 피레트린이 들어간 몇몇 살충제는 농작물이나 정원 식물에 이용되는데 천연물질이고 빠르게 생분해되기 때문에 합성 살충제보다 안전하다. 이 화학물질이 함유된 어떤 제품들은 애완동물과 가축에 들러붙는 곤충을 퇴치하는데 쓰이며 어떤 제품들은 사람을 대상으로 사용되기도 한다. 예컨대 사람을 무는 곤충을 없애고자 옷이나 천에 스프레이 형태로 뿌리거나 머릿니를 퇴치하기 위해 사용하는 페르메트린이 그렇다.

하지만 이 성분은 '비교적 안전한' 것일 뿐 완전히 안전한 것은 아니다. 최근의 연구에 따르면 피레트린에 장기간 노출된 사람들은 모든 원인으로 인한 사망률이 그렇지 않은 사람들보다 56퍼센트 더 높았고, 심혈관 질환으로 사망할 확률도 3배 더 높았다. 그러니 이런 제품을 사용할 때는 설명서의 지침을 잘 읽고 그대로 따라야 한다.

Cleistogamous flowers 폐쇄화

녹색의 작은 꽃들은 크기와 색깔 때문에 꽃으로 인식되지 않는 경우가 많다. 이들은 꽃이라고 인식되었다 해도 꽃봉오리로 오해받는다. 이 꽃들은 닫혀서 절대 벌어지지 않기 때문에 생식세포가

개방화는 자신을 수분하러
오는 방문객에게 꽃을
활짝 열어 놓는다.

폐쇄화는 씨앗을 품은 열매를
생산하지 못할 경우를 대비하는
예비 재생산 시스템이 있다.

종지나물

폐쇄되어 있다는 의미에서 폐쇄화라고 불린다. 폐쇄화의 반의어는 자신을 수분하러 오는 방문객들에게 꽃을 활짝 열어놓는 전형적인 꽃을 가리키는 '개방화'다.

사실 이런 폐쇄화는 식물이 예컨대 기후 조건이 여의치 않아 식물이 꽃을 피울 때쯤 꽃가루 매개자들이 날아오지 못한다든지 다양한 이유로 씨앗을 품은 열매를 생산하지 못할 경우를 대비하는 예비 재생산 시스템을 가진 꽃이다. 이런 시스템을 흔하게 지닌 식물의 예로 제비꽃속^{*Viola*}을 들 수 있다. 제비꽃속의 여러 종은 봄에 나비를 비롯한 곤충들을 유인해 수분으로 이끄는 보라색과 흰색, 노란색의 예쁜 꽃을 피운다. 이런 식물들 중 상당수는 봄이 끝나가면 기저부 근처에 작은 초록색 봉오리 같은 꽃을 만들어낸다. 이런 폐쇄화는 절대 벌어져 열리지 않으며 화려한 봄꽃에 비해 수가 적고 보다 단순한 생식 구조를 지닌다. 폐쇄화 안에서 꽃가루 매개자 없이 꽃밥에서 암술머리로 꽃가루가 옮겨지며 재생산이 일어나는 것이다.

폐쇄화가 수정이 가능한 씨앗을 생산하기는 하지만 그 씨앗에서 자라난 식물은 유전적으로 부모 식물과 동일하다. 대부분의 동식물에서 새로운 유전 물질이 도입되는 일은 그 종에게 아주 유익하다. 식물에서 이런 일은 한 식물에서 온 꽃가루가 다른 식물의 밑씨를 수정시킬 때에만 벌어진다. 그래도 폐쇄화는 어떤 주어진 식물이 특정 해에 적어도 '어느 정도의' 씨앗을 생산하도록 보장한다는 장점이 있다.

Cloves (*Syzigium aromaticum*) 정향

도금양과Myrtaceae에 속하는 정향나무의 꽃봉오리를 말렸을 때 나는 향은 주로 유제놀eugenol이라는 화합물에서 비롯한다. 케이퍼[7] 가 그렇듯 정향의 꽃과 벌어지지 않은 꽃봉오리는 우리가 먹을 수 있는 식재료다. 정향의 말린 꽃봉오리는 음식에 향을 더하는 양념으로 통째로 쓰이거나(햄을 구울 때 사이에 끼워 넣었다가 먹기 전에 제거하는 식으로 쓰인다), 가루가 되도록 빻아서 구운 음식이나 풍미 있는 요리에 향신료로 사용한다.

정향나무의 원산지는 한때 '향신료 제도'Spice Island라 불렸던 인 도네시아 동부의 말루쿠 제도Maluku Island다. 정향을 상업적으로 재 배할 경우 단단히 닫힌 꽃봉오리가 붉은색이 돌 때 꽃을 딴다. 그 리고 이제 꽃봉오리가 갈색이 될 때까지 햇볕에 말린다. 꽃봉오리 는 둥근 공 모양의 벌어지지 않은 꽃잎과 이와 서로 길게 융합된 네 개의 꽃받침으로 이루어져 있다. 이 향신료를 가리키는 영어 일반명인 clove는 못을 뜻하는 라틴어 'clavus'에서 왔는데, 꽃봉오 리가 못과 닮았기 때문이다.

정향은 기원전 3세기 무렵 중국에 알려졌으며 기원후 1세기에

---

7) caper: 지중해 연안의 식물로 꽃봉오리를 식초에 절여서 먹는다―옮긴이.

는 로마의 대大폴리니우스Plinius가 이 식물을 언급한 적이 있다. 정향은 중세 시대에 여러 지역으로 널리 거래되었지만 18세기 후반까지는 말루쿠 제도에서만 재배되었는데 이 시점 이후로 프랑스령 모리셔스섬, 뒤이어 잔지바르로 재배지가 넓어졌다. 잔지바르는 나중에 세계적인 정향 생산지로 거듭났다. 다른 향신료들도 마찬가지였지만 당시 정향은 부유한 사람들도 쉽게 살 수 없을 만큼 값비쌌다. 요리에 사용하는 용도 외에도 정향은 의사들에게 진통제로 쓰였는데 특히 치통을 달래기 위한 약재로 사용되었다.

최근의 연구에 따르면 정향에 들어 있는 유제놀은 모기 기피제 성분인 디에틸톨루아미드DEET 못지않게 유충 상태의 진드기와 모기를 퇴치하는 효과가 있다고 한다. 유제놀이 몇몇 난초벌[8]을 끌어들이는 화합물이기도 하다는 점은 흥미를 더한다.

8) orchid bee: 아메리카 대륙에 서식하며 단독 생활을 하는 꿀벌과 곤충―옮긴이.

Clusia microstemon 클루시아 미크로스테몬

신열대구에만 분포하며 아마존 지역에서 흔한 물레나물과 Clusiaceae의 종이다. 클루시아Clusia속에는 약 300여 종의 작은 나무와 착생 관목, 반착생 관목이 포함된다. 이런 종들은 꽃의 크기와 형태, 꽃가루 매개자에게 제공하는 보상 측면에서 커다란 차이를 보이는 만큼, 나는 하나의 종에 먼저 초점을 맞춰 설명한 다음 클루시아속 전체에 대해서 다룰까 한다.

비록 일부 클루시아속의 꽃은 꿀이나 꽃가루, 또는 둘 모두를 꽃가루 매개자에게 제공하지만, 클루시아 미크로스테몬을 비롯한 많은 꽃은 꿀벌이 벌집을 짓는 데 사용하는 끈적한 수지resim를 생산하도록 특화되었다. 이 수지는 클루시아속과 그 친척인 클루시엘라속Clusiella, 그리고 가까운 친척은 아니지만 대극과Euphorbiaceae의 달레캄피아속Dalechampia 식물들만이 생산한다고 알려진 비교적 드문 산물이다.

클루시아속의 종들 대부분은 암꽃과 수꽃이 서로 다른 식물에 피는 이가화(자웅이주)다. 암수꽃은 대개 생김새가 현저하게 다르며, 한쪽 성의 꽃으로만 알려진 터라 아직 과학적으로 완전히 규명되지 않은 종들도 있다. 보통 암꽃과 수꽃 모두 꽃가루 매개자에게 보상을 제공하지만, 어떤 경우는 암꽃은 보상을 제공하지 않으며 벌이 비슷한 수꽃과 혼동해서 '실수로 수분하는' 과정을 통해서 수분된다.

수꽃에 난 짧은 수술의
노란색 납작한 원반 모양
구조는 수지와 기름, 꽃가루의
끈적이는 혼합물로 덮여 있다.

암꽃은 중앙에 불쑥
튀어나온 구조가 있고
그 위에는 꽃가루를
받아들이는 암술머리가
존재한다.

열매는 불가사리
모양으로 갈라져
씨앗을 노출시킨다.

클루시아 미크로스테몬

무엇보다 클루시아속 여러 종의 꽃잎에서 나오는 기분 좋은 향기야말로 벌들을 끌어들이는 매력이다. 클루시아 미크로스테몬의 꽃은 전체적으로 흰색이며 중심부가 밝은 빨간색이다. 수꽃에 난 짧은 수술의 노란색 납작한 원반 모양 구조는 수지와 기름, 꽃가루의 끈적이는 혼합물로 덮여 있다. 여러 무리에서 온 벌들이 (침이 없는 조그만 벌인 경우가 많다) 턱으로 이 수지를 모아서 뒷다리의 '꽃가루통'에 옮긴 다음 자기 둥지까지 실어 나른다. 둥지로 가는 도중에 다른 꽃을 방문하면 꽃가루가 암꽃의 암술머리에 옮겨진다.

　클루시아 미크로스테몬의 암꽃은 중앙에 두드러지게 불쑥 튀어나온 구조가 있고 그 위에는 꽃가루를 받아들이는 암술머리가 존재한다. 그리고 암술의 기단부를 둘러싸고 헛수술staminode들이 자리하는데 여기에 수지가 분비되어 벌들을 끌어모은다. 상처가 난 나무껍질에서 나오는 것과 같은 대부분의 식물 수지와는 달리 꽃에서 나오는 이런 수지는 빨리 굳지 않기 때문에, 벌들은 수지가 아직 말랑거리는 동안 꽃에서 꽃으로 옮겨 다니다가 둥지를 지을 만한 시간의 여유가 있다.

　일단 벌들이 둥지에 도착하면 수지는 흙과 유기물질, 광물질의 혼합물에 섞여 둥지를 튼튼하게 다지고 둥지에 방수 기능을 더한다. 둥지의 입구 근처에 신선한 노란색 액체가 보일지도 모른다. 여기에 더해 수지는 (암꽃에서 나오는 것이 특히 더 그렇지만) 병원균

들로부터 벌들을 보호하는 항균성과 항진균성을 지니고 있다.

클루시아속 꽃의 주요 꽃가루 매개자는 벌이지만, 꽃가루를 먹이로 삼는 딱정벌레라든지 심지어 바퀴벌레도 수분을 돕는다는 보고가 있다. 그밖에 다른 곤충이나 벌새들은 클루시아 꽃을 찾아가기는 해도 효과적인 꽃가루 매개자는 아닌 듯하다.

수정된 클루시아 꽃에서 나온 열매는 과육이 많은 삭과로, 나중에 불가사리 모양으로 갈라져 씨앗을 노출시킨다. 그러면 새들은 씨앗을 둘러싼 색이 화려하고 과육이 있는 가종피(헛씨껍질)를 먹어치우고 씨앗을 주변에 흩뿌린다. 아이러니한 사실은 이 씨앗에서 추출한 수지가 새 사냥꾼들이 새를 잡기 위해 나뭇가지에 펴 바르는 끈끈이 덫의 재료로 사용된다는 것이다.

Confusing common names 헷갈리는 일반명

많은 사람이 어떤 지역의 식물군에서 특정 식물을 가리킬 때 사용하는 이름을 '통속명' 또는 '일반명'이라고 한다. 이런 일반명은 어떤 종의 특징을 잘 설명하는 경우가 많고 재미있어 기억하기 쉬운 편이다. 하지만 한 종이 여러 개의 일반명을 가졌을 경우 문제가 발생한다. 어떤 종을 가리키는 것인지 알 수 없기 때문이다. 예컨대 아메리카얼레지*Erythronium americanum*는 '송어 백합'이라고도 불리고 제비꽃과 비슷한 구석이 없는데도 '송곳니 제비꽃'이라고도 불린다. 그리고 미텔라 디필라*Mitella diphylla*는 '마이터위트'나 '주교

관'이라고 불리는데 두 이름 모두 열매의 생김새를 묘사한다. 두 종 이상이 하나의 일반명을 공유하기라도 하면 혼란이 더욱 가중된다. 예컨대 '베르가못'이라는 이름은 꿀풀과^{Lamiaceae}의 북아메리카 야생화들$^{Monarda\ spp.}$을 지칭하는 데도 쓰이지만, 이탈리아 남부의 야생에서 발견되는 (아마도 아시아에서 기원했을) 운향과^{Rutaceae}의 잡종 유실수 *Citrus × bergamia*를 가리킬 때도 쓰인다.

첫 번째 사례에서는 '송어 백합'이라는 백합과 비슷하게 생긴 꽃을 왜 '제비꽃'이라고 부르는지 누군가 궁금해하는 데 그치겠지만, 두 번째 사례에서는 종에 대한 잘못된 판단이 의학적 문제로 이어질 수도 있다. 두 베르가못 모두 차를 만드는 재료인데, 북아메리카 야생화는 허브티에 쓰이고 유실수는 얼그레이 홍차에 향을 더하는 성분으로 쓰인다. 하지만 차의 성분표에는 보통 '베르가못'이라고만 표기될 뿐 어떤 식물에서 왔는지는 밝히지 않는다. 그런 경우 운향과에 속하는 과일을 먹지 말라는 주의 사항이 딸린 약을 복용하는 사람들은 차를 잘못 마셨다가 부작용에 시달릴 수 있다. 효소의 분해가 방해받아 필요 이상의 약물이 혈류로 들어간다든지 반대로 몸에서 활용할 약물의 양이 너무 적어진다든지 하는 부작용이 이에 포함된다.

하지만 학명과 달리 어떤 식물의 일반명을 정하고 규제하는 기관은 없다. 그러니 조금이라도 의심이 들면 학명을 꼭 확인하자.

Corpse flower (*Amorphophallus titanum*) 시체꽃

천남성과^{Araceae}에 속하는 이 종은 가지가 갈라지지 않는 꽃차례를 지닌 가장 큰 식물로 높이가 2.7미터를 넘기도 한다.[9] 이 식물의 꽃차례는 천남성과의 다른 구성원들과 마찬가지로 깊게 주름 잡힌 커다란 불염포로 둘러싸인 육수꽃차례로 이루어져 있다. 육수꽃차례의 기단부에 수백 개의 개별 암꽃과 수꽃이 있기는 하지만 이 꽃차례 전체가 꽃가루 매개자를 유인한다는 측면에서 육수꽃차례는 하나의 꽃 역할을 한다고 할 수 있다.

꽃이 피는 첫 이틀 밤 동안 육수꽃차례는 주변의 공기 온도보다 최대 약 9℃까지 높은 열기를 발생시킨다. 이 열기는 심지어 사람의 체온에 도달하기도 한다. 이 열은 밤공기 사이로 식물의 냄새가 퍼져나가도록 하는데, 고기가 썩는 것과 매우 비슷한 냄새다. 그러니 '시체꽃'은 이 식물에게 딱 알맞은 이름이라 할 수 있다. 시체꽃은 불염포 안쪽의 냄새와 불그죽죽한 색깔로 동물의 고깃덩이를 모방해서 꽃가루 매개자들을 속여 유인한다. 수마트라섬의 자연 서식지에서 이렇게 썩은 고기의 냄새를 풍기면 검정파리와 송장벌레가 냄새에 이끌려 찾아들 수밖에 없다. 이 곤충들은 원래 썩어가는 동물의 사체를 찾아 그 안에 알을 낳고 막 부화한

---

9) 가지가 갈라진 꽃차례를 지닌 식물 가운데 가장 큰 종은 탈리포트야자(*Corypha umbraculifera*)다.

애벌레들이 부패한 고기를 마음껏 먹도록 하기 때문이다. 비록 이런 설명이 불쾌하고 혐오스럽게 들릴지 모르지만 사실 이 곤충들은 동물의 사체를 분해해 토양의 양분으로 돌려보내는 중요한 역할을 담당한다.

처음에 이 식물은 불염포가 육수꽃차례를 단단하게 감싸 마치 꽃병 같은 생김새를 하고 있다. 그러다가 보통 이틀쯤 지나 불염포가 굳게 닫혔을 때 음경 모양의 육수꽃차례가 아래로 축 늘어지며 꽃이 진다. 그러면 올리브 크기의 열매가 맺히기 시작하고 열매가 다 익으면 새들에게 먹혀 주변으로 씨앗을 퍼뜨린다.

이 놀라운 식물은 1878년에 이탈리아의 식물학자 오도아르도 베카리Odoardo Beccari에 의해 처음 발견되었다. 그가 이탈리아에 보낸 이 종의 씨앗들은 싹을 틔웠고 그중 한 살이 된 묘목들은 유럽 전역의 다른 식물원으로 보내졌다. 그리고 10년이 지나 묘목들 가운데 하나가 영국 큐 식물원의 온실에서 꽃을 피웠다. 오늘날에는 많은 식물원에서 시체꽃을 키우고 있다. 이 식물의 알줄기(구경)가 충분한 에너지를 저장해 처음으로 꽃을 피우기까지 10년이 걸리는 만큼 시체꽃의 개화는 무척 드문 사건이라 수천 명의 사람들이 소식을 듣고 야단법석을 피우며 이 별나기 그지없는 식물을 보러 찾아와 쿵쿵 냄새를 맡곤 한다. 이 식물의 씨앗은 다른 식물원과 공유되기 때문에 여러 식물원에서 키우는 이 식물 종은 유전적으로 친척 관계인 데다 나이도 같아 거의 동시에 꽃을 피운다. 2016

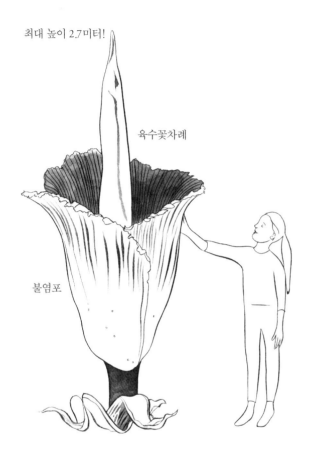

최대 높이 2.7미터!

육수꽃차례

불염포

시체꽃은 꽃을 피우기까지 10년이 걸리는 만큼
시체꽃의 개화는 무척 드문 사건이다.

년에 바로 이런 일이 벌어졌다. 미국 내 10개 지역의 식물원을 비롯해 여러 다른 나라의 식물원에서 몇 주 간격으로 동시에 시체꽃이 개화한 것이다.

D

신학자들은 인간이 사용하도록 신이 어떤 식물을
창조한 것이니 그 식물의 사용법을 알려주기 위해
인간이 읽을 수 있는 표시를 남겼다고 가르쳤다.

Darwin's orchid (*Angraecum sesquipedale*) 다윈난초

꽃잎 일부가 뒤로 돌출한 구조인 꿀주머니의 길이가 약 25~43 센티미터에 이르는 별 모양의 난초과^{Orchidaceae} 식물로 찰스 다윈 ^{Charles Darwin}과 관련이 깊은 꽃이다. 꿀주머니의 길이로 볼 때 꽃가루 매개자는 꿀주머니 안의 꽃꿀에 닿을 만큼 주둥이가 긴 나방일 것이라 다윈이 예측했기 때문이다.[10] 당시 이러한 나방은 발견되지 않았고 다윈은 터무니없는 주장을 한다는 조롱을 받았다.

하지만 그로부터 40년 후 이 난초의 자생지인 마다가스카르섬에서 박각시나방의 한 종[11]이 발견되면서 다윈의 주장은 사실로 입증되었다. 다윈은 안타깝게도 이 나방이 발견되기 21년 전에 세상을 떠났기에 자신의 예측이 입증되었다는 사실을 확인하지 못했지만 말이다. 이후 마다가스카르섬에서는 주둥이가 긴 또 다른 박각시나방이 발견되었다.

이 난초의 학명인 *Angraecum sesquipedale*는 꿀주머니의 길이가 길다는 사실을 묘사하는 이름이다.[12] 꽃꿀이 든 방에서 나방이 관

---

10) 사실 꽃꿀은 꿀주머니의 내부에 어느 정도 채워져 있기 때문에 관의 길이가 꼭 꿀주머니의 길이만큼 길 필요는 없다.

11) *Xanthopan morganii praedicta*: 다윈의 추측을 기념하기 위해 이런 학명이 붙었을 것이라 추정된다.

12) 라틴어로 '1과 2분의 1피트'라는 뜻이다. 이 꽃은 꿀주머니의 끄트머리에서 가장 위쪽 꽃받침까지의 길이가 그 정도다.

다윈난초는 유럽에 도입됐을 때
크리스마스를 전후해 꽃을 피웠기에
'베들레헴의 별' 또는
'크리스마스 난초'라고 불린다.

을 빼낼 때 꽃가루 덩어리(화분괴)에 붙은 끈적한 점착제 성분이
주둥이에 달라붙으면서 나중에 방문하는 난초를 수분시키는 결
과를 불러일으킨다.

이 식물은 유럽에 도입됐을 때 크리스마스를 전후해 꽃을 피웠
던 터라 '베들레헴의 별' 또는 '크리스마스 난초'라고도 불린다. 다
윈은 꽃이 흰색인 것과 밤에 이 식물에서 나는 무겁고 톡 쏘는 향
에 근거해 야행성 나방이 이 식물의 꽃가루 매개자일 것이라 추측

했다. 두 가지 특성 모두 나방에 대한 식물의 수분 증후군[13] 현상이기 때문이었다.

Dayflower (*Commelina communis*) 닭의장풀

동아시아에서 흔히 볼 수 있는 닭의장풀과[Commelinaceae] 식물로 유럽이나 미국 동부의 여러 지역에도 널리 퍼져 있다. 비록 '잡초'로 분류되는 식물이기는 하지만 자세히 들여다보면 아시아에서 온 이 꽃은 꽤 아름답다. 발톱을 닮은 두 개의 큰 꽃잎은 밝은 푸른색으로 즉시 눈길을 끌며 더 자세히 들여다보도록 흥미를 돋운다. 그러면 그 안에서 화려한 푸른색 꽃잎 아래에 자리한 작고 하얀 세 번째 꽃잎이 보일 것이다.

이렇듯 꽃잎에서 드러나는 색깔과 크기의 차이 때문에 식물학자 칼 린네[Carl Linne]는 17세기에서 18세기에 살았던 코멜린[cameline]이라는 네덜란드인 세 형제의 성을 따서 이 식물의 속명을 지었다. 세 형제는 모두 식물학자였지만 두 개의 푸른 꽃잎이 상징하는 두 형제는 식물학계에서 꽤 두드러진 업적을 세운 반면 작고 하얀 꽃잎이 상징하는 셋째는 린네의 표현에 따르면 "식물학 분야에서 그 어떤 공적도 세우기 전에 세상을 떠났기" 때문이다.

이 식물의 꽃에는 꽃꿀이 없다. 하지만 그 사실보다 더 흥미로

13) 꽃가루 매개자에 따라 꽃이 비슷한 색깔과 모양을 띠는 것―옮긴이.

닭의장풀은 잡초로
분류되는 식물이지만
꽤 아름답다.

운 것은 여섯 개의 수술이다. 위쪽의 짧은 세 개는 불임인 헛수술
이지만 네 개의 엽으로 이루어진 눈에 띄는 노란색 꽃밥이 달려
있어서 벌들을 유인한다. 그다음 중간 길이의 수술은 좀더 작지만
꽃가루가 있는 노란색 꽃밥을 지니고 있다. 마지막으로 아래쪽의
두 개 수술은 수정 가능하며 작고 갈색을 띠는 꽃밥을 가졌다. 아
래쪽 두 개의 수술 사이에는 암술대가 불쑥 튀어나와 있다. 긴 수
술과 암술대는 곤충들의 착지대 역할을 하며 그래서 암술머리 위
에 꽃가루가 쌓이는 결과도 종종 벌어진다. 긴 꽃밥에서 온 꽃가
루는 타화수정에 기여하고, 가운데에 있는 꽃밥에서 나온 꽃가루
는 주로 곤충들에게 먹이 보상으로 주어진다.

　닭의장풀의 한 품종인 '큰닭의장풀'은 좀더 큼직한 푸른 꽃을 피우며 일본에서 종이를 물들이는 데 쓰는 푸른 염료 아오바나의 재료로 사용된다. 이 식물은 여전히 종이를 염색하기 위해 재배되는데, 파란 꽃잎에서 나온 염료를 종이 위에 손으로 칠한 다음 햇볕에 건조시키는 방식이다. 반대로 염료의 색을 빼 원래대로 만들려면 종이를 물에 담그면 된다. 이 염료는 일본 목판화에도 중요한 착색제로 쓰였으며 다른 색과 섞이면 청회색이나 초록색, 보라색을 낼 수 있었다. 하지만 대부분의 분야에서 아오바나 염료는 좀더 영구적으로 사용할 수 있는 다른 푸른 염료로 대체되었다. 오늘날 이 염료는 실크프린트나 홀치기염색을 통해 천에 패턴을 그리는 데 사용된다.

최근의 연구에 따르면 닭의장풀은 중금속, 특히 구리를 축적하는 능력이 뛰어난 종으로 밝혀졌다. 그러니 토양을 복원하고 정화하는 데도 유용할지 모른다.

Deadly nightshade (*Atropa belladonna*) 벨라도나

이 식물은 가지과Solanaceae에 속하는 유럽산 종으로 '치명적인 가지'라는 영문명에서 짐작할 수 있듯 독성이 매우 강하지만, 의학적으로도 역사가 오래되었다. 이 식물에서 흔히 사용되는 두 가지 알칼로이드는 스코폴라민과 아트로핀이다. 스코폴라민은 멀미 예방을 위한 피부 패치에 사용된다. 히오스시아민의 두 거울상 이성질체의 혼합물인 아트로핀은 눈을 검사하는 동안 동공을 확장시키는 데 효과적이다.[14] 아트로핀은 가지과의 다른 구성원들에서도 발견되는데, 예컨대 독말풀속*Datura*, 사리풀속*Hyoscyamus*, 천사의 나팔속*Brugmansia*이 그렇다. 아트로핀은 주변 빛의 밝기에 적응하기 위해 동공의 크기를 조절하는 환상근의 수축을 차단하는 효과를 낸다. 이런 화합물을 사용하려면 의사의 처방이 필요하다.

이 식물의 일반명인 벨라도나는 이탈리아어로 '아름다운 여성'을 뜻한다. 르네상스 시대의 여성들은 눈동자를 더 아름답게 보이도록 하기 위해 자신의 눈에 이 독성 강한 벨라도나 열매의 즙액을 한 방울 떨어뜨렸다. 이 풍습은 클레오파트라 치하의 이집트 시대로 거슬러 올라간다. 당시 여성들 역시 같은 목적으로 동공을 확장시키고자 사리풀*Hyoscyamus niger*의 추출물을 사용했다. 사실 오늘날에도 몇몇 패션모델은 미용 효과를 얻고자 여전히 아트로핀을 이용한다고 한다.

이렇듯 가지과에 속하는 구성원들 가운데는 독성으로 유명한 식물이 많아서, 역시 가지과에 속한 토마토를 신대륙에서 처음 들여왔을 때도 유럽인들은 선뜻 먹으려 하지 않았다. 가지과의 독성 강한 식물들은 예전부터 민간요법에 쓰이거나 환각 물질로도 사용되었던 전력이 있기 때문이었다.

---

14) 그 효과가 지나치게 오래 지속되는 탓에 오늘날에는 좀더 짧게 작용하는 트로피카마이드로 대체되었다.

가지과 식물 중 특히 맨드레이크$^{Mandragora\ spp.}$는 뿌리의 모양이 사람의 형상을 닮아 그것을 둘러싼 미신의 역사도 무척 오래되었다. 맨드레이크는 오늘날에도 여전히 다양한 '마법 의식'에 사용되며 땅에서 뽑아낼 때 비명을 지른다고 전해진다.

Disks and rays 관상화와 설상화

국화과에 속하는 여러 종에서 흔히 볼 수 있는 두상꽃차례를 이루는 두 가지 꽃의 종류다. 예컨대 국화과의 데이지$^{Bellis\ perennis}$ 한 송이를 보면 언뜻 하나의 꽃 같지만 실제로는 두 종류의 여러 꽃이 합쳐진 형태다. 머리의 안쪽 중앙 노란색 부분은 관 모양의 여러 관상화로 이루어졌으며 이들을 둘러싼 하얀 꽃잎들은 사실 설상화라 불리는 개별 꽃들이다. 설상화는 밑부분이 짧은 관 모양이고 보통은 끝에 세 개의 작은 엽을 갖고 있다. 설상화는 불임이거나 암술만 가지고 있을 수 있다.

이러한 방사상의 배열을 두상꽃차례라고 하며 데이지와 해바라기$^{Helianthus\ annuus}$가 전형적인 예다. 여러 개의 작은 꽃을 하나로 묶은 이유는 그렇게 만들어진 화려한 꽃이 꽃가루 매개자들을 유인할 가능성이 더 높기 때문이다.

하지만 국화과의 모든 구성원이 데이지 같은 모양은 아니다. 몇몇은 관상화들로만 이루어졌으며 이런 꽃을 반상^{discoid} 두상화라고 한다. 엉겅퀴속^{Cirsium}과 베르노니아속^{Vernonia}이 그런 예다. 이

꽃잎 같은 설상화는 밑부분이 짧은 관 모양이고 불임이거나 암술만 갖고 있다.

가운데 있는 관상화

해바라기

꽃들은 불임일 수도 있고, 수술만 존재할 수도, 또는 암술과 수술을 다 가졌을 수도 있다.

반면에 원반상^{disciform} 두상화는 하나의 머리에 수꽃과 암꽃이 서로 분리되어 있을 수도 있고, 전부 수꽃으로 이뤄지거나 전부 암꽃으로 이뤄진 머리가 각자 따로따로 있기도 하다. 백두산떡쑥속 *Antennaria*에서 수꽃의 머리는 반상이고 암꽃의 머리는 원반상이다.

그밖에도 민들레*Taraxacum platycarpum*와 치커리*Cichorium intybus*처럼 띠 모양의 설상화로만 구성된 꽃도 존재한다. 끈 모양의 설상화는 암수가 모두 갖춰진 완벽한 꽃이라는 점에서 생김새가 비슷한 설상화와 구분된다. 끈 모양 꽃잎의 끄트머리에는 다섯 개의 톱니가 있다. 이 톱니는 설상화가 다섯 개의 꽃잎을 지닌 통상화에서 기원했다는 것을 알려준다.

이러한 기본적인 두상꽃차례 배열 방식 이외에도 여러 변형이 있다. 단순해 보이는 국화과 식물들의 꽃은 자세히 보면 그렇게 단순하지 않다.

Doctrine of signatures 약징주의

약징주의란 식물이 가진 형태나 색깔에 어떤 질병을 치료하는 데 도움이 되는지가 드러난다는 믿음이다.[15] 이런 생각은 고대

15) '동종요법'이라고도 한다―옮긴이.

그리스 시대로 거슬러 올라가며(아마도 훨씬 이전부터 존재했을 것이다), 16세기부터는 유럽에 널리 퍼져 20세기에 현대 의학이 등장한 이후에도 계속 이어졌다. 신학자들은 인간이 사용하도록 신이 어떤 식물을 창조한 것이니 그 식물의 사용법을 알려주기 위해 인간이 읽을 수 있는 표시를 남겼다고 가르쳤다. 오늘날에도 일부 대체 의학 종사자들이 이 개념을 설파하고 있지만 이 약징주의는 현재 사이비 과학으로 여겨진다.

식물의 생김새나 색깔에 기초해 그 식물이 치료할 수 있는 병증을 알 수 있다는 믿음을 뒷받침하는 과학적인 문헌 증거는 전혀 없다. 어떤 식물이 특정 질병을 치료하는 데 효과적이라고 밝혀지면, 치료되는 신체의 일부와 식물의 어떤 측면이 비슷하다는 사실을 '사후적으로' 찾아내고 이것이 약징주의라고 주장하는 사람들도 있었지만 말이다. 전 세계의 모든 문화권은 그 지역에서 나는 식물에 대해 이런 비슷한 믿음을 가지고 있다.

우리에게 익숙한 여러 식물이 그 생김새에 따라 질병 치료에 이용되었다. 대표적인 예가 북아메리카 동부의 숲에 자생하며 초봄에 꽃을 피우는 노루귀류*Hepatica* spp.다.[16] 노루귀의 잎은 몇 개의 엽으로 이뤄졌으며 겨울에는 진한 버건디색으로 변해서 마치 간

---

16) 학명은 *Hepatica americana*와 *Hepatica acutiloba*인데 분류학자들에 따라서는 아네모네속(*Anemone*)에 포함시키기도 한다.

처럼 보인다. 그에 따라 사람들은 이 식물이 간 질환을 치료하는 데 효과가 있다고 여겼다. 1800년대에는 노루귀의 말린 잎으로 만든 약재에 대한 수요가 너무 많아져 미국 남부 애팔래치아 지방에서는 이 식물의 씨가 말랐고 독일에서 유럽산 종의 잎을 들여와야 했다. 하지만 이후 노루귀 잎의 화학 성분을 분석한 결과 의학적 가치가 입증된 성분은 발견되지 않았다.

또 다른 사례로 쥐방울덩굴류*Aristolochia* spp.가 있다. 이 식물의 꽃은 자궁과 닮았다고 여겨져서 출산 시 산모에게 처방되었지만 최근 연구 결과 암을 일으키는 성분이 발견됐다. 서양고추나물*Hypericum perforatum*이라고도 불리는 물레나물속*Hypericum* 식물은 잎에 작은 구멍이 있어 모든 종류의 피부병이나 피부에 난 상처를 치

노루귀는 한때 간 질환을 치료하는 데 효과가 있다고 알려졌다.

료하는 데 효과가 있으리라 여겨졌지만(피부에도 작은 구멍이 있다는 이유였다) 사실은 항우울제 효능이 있다는 사실이 밝혀졌다. 또 플모나리아*Pulmonaria* spp.라는 식물은 잎에 하얀 반점이 있어서 병든 폐와 닮았다는 이유로 폐 질환에 효과가 있다고 여겨졌으며, 호두*Juglans* spp.는 생김새가 뇌를 닮았기에 머리에서 발생한 질환을 치료하는 데 사용되었다.

이렇게 쓴맛이 나거나 냄새가 강한 식물에 대한 연구는 장점이 있는데, 이러한 특성이 잠재적인 의학적 쓸모가 있는 생체 활성 화합물, 예컨대 알칼로이드의 존재를 암시하기 때문이다. 그렇기에 이러한 후각 신호는 식물이 가진 화학물질이 의학적으로 관심을 가질 만하다는 점을 시사할 수 있다.

Dodder (*Cuscuta* spp.) 새삼

새삼과*Cuscutaceae*에 속하는 이 종은 마치 잎이 없는 것처럼 보이는 기생식물(실제 잎은 퇴화해서 줄기를 따라 나 있는 조그만 비늘 형태로 남았다)로, 오렌지색 또는 옅은 노란색을 띠는 스파게티 모양의 줄기로 다른 식물을 휘감는다. 이 줄기는 처음에는 접착제를 분비해 식물에 붙고, 그다음에는 기주식물의 조직을 관통해 기주의 관다발계와 연결되는 흡기를 형성하며 부착된다. 이 시점부터 새삼은 기주식물과 사실상 접목된 채 기주로부터 자신에게 필요한 모든 물과 영양분을 얻는다.

기주를 찾을 때, 어린 새삼 묘목은 위쪽으로 자라면서 적당한 식물과 닿을 때까지 나선형으로 자라며 이리저리 탐색한다. 새삼의 몇몇 종은 다양한 기주에 기생하지만 어떤 종들은 기주가 될 식물을 구체적으로 특정한다. 어떤 경우든 엽록소 함량이 높은 기주를 향해 자라는 것으로 밝혀졌지만 말이다(식물의 녹색 부분을 투과하는 빛에 대한 굴광성 때문이다). 이러한 기주는 기생식물에게 좀 더 풍부한 영양을 제공한다.

새삼은 덩굴이 덩어리처럼 뒤엉킨 모습이며 줄기를 따라 하얗고 작은 꽃을 피운다. 다 자란 새삼의 뒤엉킨 덩굴을 풀어서 길이를 재면 최대 1.6킬로미터에 달하며 여러 덩굴의 새삼은 작은 나무 한 그루를 완전히 덮을 수도 있다. 그러니 새삼이 한번 습격하면 통제하기가 매우 어렵다.

하나 또는 여럿의 새삼이 인접한 여러 식물에 기생하다 보면 이제 기주들 사이를 연결하는 다리를 만들기 시작한다. 이러한 다리는 한 기주에서 다른 기주로 바이러스를 전달하는 역할도 하지만 기주가 식물을 먹는 다른 동물(예컨대 곤충)의 공격을 받을 때 도움이 되기도 한다. 공격을 받은 식물은 새삼으로 연결된 연결망을 통해 다른 식물에 호르몬 신호를 전달하고 아직 손상되지 않은 식물이 공격자 동물에 대한 방어용 화합물을 만들어내도록 자극한다.

수렴 진화의 놀라운 예로, 새삼과는 전혀 관련이 없는 녹나무과(생강나무*Lindera obtusiloba*와 아보카도*Persea americana*가 이에 속한다)에 속한 또 다른 기생식물이 새삼속과 비슷한 생활 양식이나 생김새로 진화하기도 했다. 예컨대 남반구에서 주로 발견되는 카시타속 *Cassytha*의 식물들이 그렇다. 이 식물은 새삼과는 달리 처음에는 줄기가 녹색이며 기주에 연결되기 전까지 광합성을 한다. 기주를 찾고 난 다음에는 노란빛을 띠는 오렌지색으로 변한다. 새삼과 카시타속 식물은 꽃이나 열매를 살펴보지 않고는 겉으로 구별하기가 어렵다.

Dutchman's breeches (*Dicentra cucullaria*) 네덜란드금낭화

일찍 꽃이 피는 미국 북동부의 양귀비과 야생화로, 학명과 일반명 모두 꽃의 모양을 묘사한다. 네덜란드 사람들이 입던 부풀어 오른 모양의 바지를 연상케 하는 이 꽃은 빨랫줄에 바지를 말리는 것처럼 분홍색 줄기를 따라 거꾸로 매달려 늘어서 있다. 속명인 '*Dicentra*'는 그리스어로 '숫자 2'를 뜻하는 'dis'와 '며느리발톱이 있는'을 뜻하는 'kentron'에서 비롯했다. 종명인 '*cucullaria*'는 라틴어로 '두건을 쓴'이라는 뜻이다. 생식을 담당하는 부위를 덮은 안쪽의 두 꽃잎이 마치 단단히 감싼 두건같이 보이기 때문이다.

네덜란드금낭화는 지구에서 지금처럼 많은 곤충이 활동하기 훨씬 전부터 꽃을 피운 가장 초기의 야생화 중 하나로, 호박벌, 특히 그 여왕벌과 생태학적으로 긴밀한 관계를 발전시켜왔다. 여왕벌은 추운 북쪽 기후에서 나무줄기 속이나 땅속 같은 안전한 장소에 숨어 겨울을 나는 유일한 개체로, 같은 군락의 다른 구성원들은 가을을 지나며 모두 죽는다. 여왕벌은 겨울을 날 피난처를 찾기 전에 짝짓기를 하며 이른 봄에 다시 밖에 나오자마자 둥지를 틀어 새끼를 키울 장소를 찾고자 애쓴다. 여왕벌은 몸이 튼튼하고 털로 덮여 있기 때문에 다른 여러 곤충이 날아다닐 수 없는 서늘한 날씨에도 날 수 있다. 네덜란드금낭화가 꽃을 피울 무렵에는 전반적으로 날씨가 쌀쌀하다.

여왕벌은 둥지를 만들고 월동을 준비하기 전에 에너지를 비축하고자 꽃꿀을 찾는다. 네덜란드금낭화의 꽃은 길고 뾰족한 꿀주머니의 *끄트머리*에 꽃꿀을 충분히 담고 있다. 그래서 이 *끄트머리*

네덜란드금낭화는 많은 곤충이
활동하기 훨씬 전부터 꽃을 피운
가장 초기의 야생화다.

에 닿을 만큼 주둥이가 긴 곤충만이 이 식물의 꽃꿀에 접근할 수 있는데, 호박벌의 여왕벌이 바로 그런 주둥이를 가졌다. 벌이 발톱으로 꽃에 매달려 꽃꿀을 찾는 동안, 꽃가루가 벌의 몸 위로 떨어져 묻으며 이 벌이 들르는 다음 꽃으로 옮겨져 수분을 일으킨다. 누이 좋고 매부 좋은 윈윈 게임이다.

Dye plants 염료 식물

사람들은 직물이나 가죽을 물들일 때 식물을 이용해 색을 내기도 한다. 다른 동물이나 광물, 균류나 지의류 같은 생물도 신석기 시대부터 염료의 원료가 되었는데, 이 책에서는 염료의 재료가 식물인 경우만 다루려 한다.

기원전 500년경 철기 시대의 직물 조각을 바탕으로 살펴보면 당시 식물성 염료는 보통 빨간색이나 파란색, 노란색을 내는 데 사용되었다. 식물 염료는 구하기가 쉬웠고 생산하는 데 비용이 비교적 적게 들었던 만큼, 동물에서 추출한 염료를 대체하는 경우가 많았다. 가장 초기의 사례 중 하나는 꼭두서니 염료다. 이 염료는 유럽꼭두서니*Rubia tinctorum*를 비롯한 꼭두서니과*Rubiaceae*의 친척 종에서 추출한 염료다. '*tinctorum*'[17]이라는 종명에서 볼 수 있듯이 해당 식물을 염료로 사용하는 경우 학명에 그 사실이 반영되곤 한다.

17) 라틴어로 '착색제' '염료'라는 뜻이다—옮긴이.

꼭두서니의 뿌리를 건조하고 분쇄하면 알리자린^{Alizarin}이라는 염료가 만들어진다. 투탕카멘왕의 무덤에서 발견된 직물도 이 식물 염료로 염색되었음이 밝혀졌다. 그뿐만 아니라 꼭두서니는 귀중한 안료인 '터키 레드'를 만들기 위한 극비의 재료였다. 이 선명한 붉은색 안료는 몇몇 특이한 재료(대변을 포함하는!)들을 꼭두서니와 혼합해서 만든다.

한편 푸른색 염료는 십자화과^{Brassicaceae}의 풀인 대청^{Isatis tinctoria}의 잎으로 만드는데, 잎을 빻아 걸쭉하게 만든 다음 물기를 빼고 공모양으로 반죽해 1~2주에 걸쳐 선반에 말린 다음 그것을 가루로 만드는 길고 지난한 과정을 거친다. 그런 다음 이 가루를 돌바닥에 펼치고 자주 뒤적거리면서 발효가 시작될 때까지 물을 뿌려야 한다. 그러면 결국 부피가 원래 이파리의 9분의 1로 줄어든 점토 같은 결과물이 만들어진다. 이제 이 물질을 물에 녹인 다음 3시간 이상 가열하고 여기에 염색할 섬유나 천을 담그면 된다.

한때 프랑스 툴루즈 지방의 염료 상인들은 이 대청을 사고팔아 많은 돈을 벌었지만, 콩과^{Fabaceae} 식물인 인디고^{Indigofera tinctoria}로 만든 좀더 값싼 푸른 염료가 대체제로 부상하면서 대청 염료는 인기를 잃었다. 최근의 연구 결과에 따르면 페루 북부의 한 고대 사원에서 발견된 6,000년 된 직물에서 이 인디고 염료를 발견했다고 한다. 푸른색 염료의 재료로 인디고가 대청의 자리를 꿰찬 한 가지 이유는 염색을 매개하는 물질인 매염제가 필요 없었기 때문이다.

오늘날에는 툴루즈 근처에 설립된 작은 회사가 전통적인 대청 염료를 생산해 염색법을 되살리고 있다. 나는 개인적으로 이곳의 생산 과정을 관찰한 적이 있는데, 가장 놀라웠던 점은 염료 통에서 나온 옷감은 밝은 녹색이었지만 말리기 위해 내걸면 산화되면서 빠르게 푸른색으로 바뀐다는 사실이었다.

매염제는 이런 과정에서 염료를 옷감에 스며들게 해서 빛 때문에 색이 바래지 않게 하거나 결과물의 색을 완전히 바꾼다. 흔히 쓰이는 매염제는 백반이나 레몬즙, 식초 같은 산성 물질이며 크롬, 석회, 오래된 소변, 심지어 염색용 용기에 포함된 주석이나 구리, 철도 쓰인다. 이렇게 염료나 약품을 녹인 용해액은 냄새가 고약하기 때문에 대부분 도시의 변두리에서 이런 작업이 이루어진다. 나는 모로코의 페즈에 있는 염료 시장을 방문한 적이 있기 때문에 이런 냄새가 얼마나 심한지 잘 안다. 이곳 일꾼들은 무릎 깊이의 염료 용해액이 든 통 속에 그대로 들어가 있었는데 이들의 팔다리는 양이나 낙타, 염소의 가죽을 물들이는 데 사용하는 크롬이 함유된 염료로 영구적으로 물든 채였다.

앞에서 언급한 잎이나 뿌리 외에도 식물 염료를 만드는 재료로 암연지참나무*Quercus coccifera* 의 나무껍질에 생긴 벌레혹,[18] 새삼

18) 20세기에 변색 없는 잉크를 만드는 데 사용되었다.

의 줄기, 호두의 껍질, 잭프루트의 목재[19) 등이 있다. 그뿐만 아니라 꽃들 역시 다양한 색상을 내는 염료를 만드는 재료가 되었다. 다양한 스펙트럼의 노란색과 황금색을 내는 식물만 해도 솔나물*Galium verum*, 양골담초*Cytisus scoparius*, 사프란*Crocus sativus*의 암술머리, 잇꽃*Carthamus tinctorius*, 메리골드*Tagetes* spp., 목서초*Reseda* spp.가 꼽힌다. 아메리카 대륙이 발견된 이후 유럽인들은 포인세티아*Euphorbia pulcherrima*의 포와 달리아*Dahlia pinnata*의 꽃잎을 포함해 아즈텍족으로부터 붉은색 염료의 재료가 될 원료에 대해 배웠다. 아메리카 대륙 남서부의 원주민 부족은 특히 염색에 능숙해 이들이 사용했다고 기록된 재료만 해도 관다발식물 103종, 균류 2종, 지의류 3종에 이를 정도다. 그중에서도 가장 많은 가짓수의 원료를 활용했던 나바호족은 여전히 천연 재료를 사용해 염색한 담요로 유명하다.

오늘날에는 합성된 인공 화학물질 없이 부드럽고 섬세한 색상 변화를 낼 수 있다는 점에서 천연염료가 다시금 각광받는 추세다. 비록 천연염료라고 해도 염색 작업을 하는 사람에게 부작용이 아예 없는 건 아니지만 말이다.

---

19) 불교 승려들의 옷을 주황색으로 물들이는 염료는 원래 뽕나무와 잭프루트의 심재로 만들었다.

E

식물은 개미들이 씨앗을 가져갈 수 있도록 유인함으로써,
자손 식물이 자원을 놓고 모체 식물과 경쟁할
필요가 없는 지역에서 자랄 기회를 준다.

Edible flowers 식용 꽃

우리가 먹을 수 있는 꽃은 두 가지로 분류된다. 첫 번째는 브로콜리*Brassica oleracea*처럼 우리가 애초에 꽃이라고 생각하기가 쉽지 않은 꽃들이다. 만약 브로콜리가 성장 주기를 계속 이어간다면 머리 부분을 형성하는 조그만 초록색 봉오리들이 열리며 네 개의 꽃잎이 달린 노란색 꽃을 피울 것이다.

요리에 향을 더하거나 고명으로 쓰이는 케이퍼 같은 식재료도 마찬가지다. 케이퍼*Capparis spinosa*에는 꽃봉오리가 있다. 이 꽃봉오리는 식초와 소금물에 절여 치킨 피카타 같은 이탈리아 요리에 풍미를 더하는 데 쓰이고 연어 요리에 고명으로 사용되기도 한다. 그뿐만 아니라 케이퍼는 타르타르소스에서 가장 중심적인 향을 내는 역할도 도맡는다. 꽃봉오리를 요리에 쓰는 또 다른 종은 원추리*Hemerocallis fulva*다. 이 꽃봉오리를 마늘과 함께 버터나 기름에 살짝 볶으면 맛이 좋은데, 특히 중국식 볶음 요리에 넣었을 때 맛있다.

우리가 식물의 꽃봉오리인 아티초크*Cynara scolymus*를 맛있게 먹을 때 우리는 국화과에 속한 한 두상화의 일부를 먹는 셈이다. '잎'이라 생각했던 부분은 사실 두상화를 둘러싸는 포엽이고 '중심부'는 꽃의 일부가 부착되어 있는 꽃받침이다. 우리가 먹지 않으려 하는 한가운데 잔털이 난 곳을 식물이 완전히 자랄 때까지 내버려둔다면 여기서 엉겅퀴와 비슷한 꽃이 피어난다.

식용 꽃의 또 다른 범주는 실제로 꽃처럼 보이는 꽃들이다. 그 중 일부는 샐러드나 디저트에 올라가는 다채로운 색깔의 고명으로 쓰인다. 제비꽃, 팬지*Viola × wittrockiana*, 한련화*Tropaeolum* spp., 장미 꽃잎이 그런 예다. 호박꽃*Cucurbita* spp.이나 앞에서 잠깐 언급했던 원추리 같은 좀더 큰 꽃은 완전히 피어났을 때 쌀이나 다진 고기, 치즈를 채워 애피타이저나 메인 코스의 재료로 사용한다. 그뿐만 아니라 호박이나 원추리의 꽃에 반죽을 묻혀 잘 튀기면 바삭한 튀김 요리가 되며, 말린 원추리 꽃은 수프에 넣어 원래 모습으로 되돌아오게 한 다음 먹기도 한다.

Elaiosomes 엘라이오솜

유질체라고도 하는 엘라이오솜은 몇몇 식물의 씨앗에 붙어 있는 지질 성분이 풍부한 덩어리다. 지질뿐만 아니라 가끔은 단백질이나 녹말 같은 탄수화물도 들어 있다. 엘라이오솜이라는 단어는 '기름진 몸체'라는 뜻의 그리스어에서 비롯했다. 엘라이오솜은 흙에서 물을 흡수해 씨앗 내부에 수분을 유지하도록 도울 것이라 추정되기는 하지만 씨앗을 위한 직접적인 기능이 거의 없다. 그러나 엘라이오솜은 씨앗이 널리 퍼지게 하는 데 중요한 역할을 한다.

엘라이오솜은 개미들의 먹이가 된다. 개미들은 씨앗이 익으면 이 지방질의 덩어리에서 만들어지는 방향족 화합물에 이끌린다.

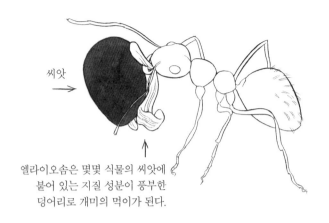

씨앗 →

↑
엘라이오솜은 몇몇 식물의 씨앗에
붙어 있는 지질 성분이 풍부한
덩어리로 개미의 먹이가 된다.

개미들은 보통 씨앗을 자기 둥지로 운반한 다음 칼로리가 높은
엘라이오솜을 먹어치우고 남은 씨앗을 버린다. 원래 모체 식물에
있던 씨앗은 개미둥지를 둘러싼 쓰레기 더미, 즉 양분이 풍부해진
흙이 있는 장소까지 퍼지는 셈이다. 식물은 개미들이 씨앗을 가져
갈 수 있도록 유인함으로써, 자손 식물이 자원을 놓고 모체 식물
과 경쟁할 필요가 없는 지역에서 자랄 기회를 준다. 모체와 멀리
떨어진 지역이 그 식물의 자손이 성장하는 데 더 적합한 조건을
가졌을 수 있고, 이런 장소들은 자연재해나 인간의 행위로 원래의
식물이 자라던 장소가 파괴될 경우 어린 식물에게 안전한 피난처
를 제공한다.

이렇게 씨앗을 퍼뜨리는 시스템은 이른 봄에 꽃을 피우는 식물
들이 괜찮은 성장 조건을 갖췄을지 모를 다른 장소에 씨앗을 분

산할 수단이 필요한 온대 지역에서 특히 중요하다. 먹이가 충분하지 않은 이른 시기에 활동하는 개미들에게도 이런 시스템은 도움이 된다. 미국 북동부의 식물상에서 봄에 잠깐 피었다가 사라지는 많은 식물이 이런 종자 산포 시스템을 사용하는데, 그중에는 연영초속*Trillium* 식물, 캐나다양귀비, 네덜란드금낭화, 봄에 씨앗을 만드는 애기똥풀양귀비, 가을에 씨앗을 생산하고 퍼뜨리는 디필라깽깽이풀*Jeffersonia diphylla*이 있다.

F

무화과는 꽃받침이 안쪽으로 접혀 있어서
은화과 또는 숨은꽃차례라고 불리는 비어 있는
구조 내부에 꽃이 에워싸인 채 존재한다.

Fig Flowers (*Ficus* spp.) 무화과나무

꽃받침 위에서 피는 단순한 꽃[20]들과 달리 무화과는 꽃받침이 안쪽으로 접혀 있어서 은화과^{syconium}, 또는 숨은꽃차례라고 불리는 비어 있는 구조 내부에 꽃이 에워싸인 채 존재한다. 그러니 우리는 무화과의 꽃을 볼 수 없다. 수분이 이루어지고 씨방이 발달하기 시작한 후에야 무화과를 제대로 된 열매라고 부를 수 있다.

이 종의 꽃가루 매개자인 긴 산란관이 있는 조그만 암컷 말벌들은 후각 신호를 받아 무화과의 꽃을 찾아낸 다음, 유일한 입구인 작은 개구부를 통해 은화과 안으로 들어간다. 온대 지역에 거주하는 대부분의 독자들에게 친숙한 지중해 자생종 무화과나무 $^{Ficus\ carica}$에서 어떤 일이 벌어지는지를 보면 이 과정의 복잡성을 이해할 수 있다.

초반에는 여러 중성화를 비롯해 개구부 근처에 약간의 수꽃이 있는 은화과가 발달하기 시작한다. 암컷 말벌은 여러 중성화 각각에 알을 낳고, 그에 따라 안에서 애벌레가 발육하면 꽃이 마치 벌레혹처럼 부풀어 오른다. 그런 다음 암컷 말벌은 무화과 안에서 죽는다. 이후 수컷 애벌레가 먼저 부화해 암컷이 들어 있는 벌레혹을 찾아가 구멍을 뚫어 암컷을 수정시킨다. 이 임무를 완수한

---

20) 예컨대 두상화인 해바라기는 중앙에 여러 관상화들이 있고 그 주위를 둘러싸며 설상화들이 붙어 있다.

(1)

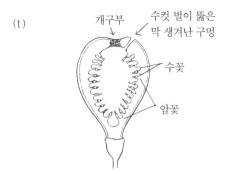

(1) 전형적인 무화과속 은화과의 기본 구조.
     위쪽에는 수꽃들이 있고 기저부에 암꽃이 있다.

(2)

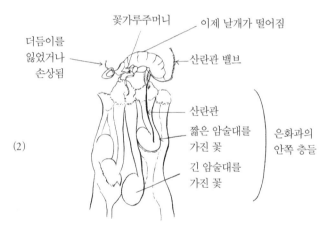

(2) 무화과의 꽃에 암컷 말벌이 알을 낳는 동안 산란관은
     짧은 암술대를 가진 꽃에만 닿을 수 있고,
     그러는 동안 말벌의 앞다리에서 꽃가루가 떨어진다.

수컷들은 태어나서 한 번도 무화과를 떠나지 못하고 죽는다. 그러면 이후 암컷이 부화해 개구부를 통과해 밖으로 나가는데, 그 과정에서 꽃가루를 품은 수꽃을 지나가면서 꽃가루를 자기 몸에 묻힌 채 떠난다.

나중에 발달한 은화과들은 안에 암꽃만 있거나 중성화와 암꽃들이 섞여 있다. 이전의 꽃에서 가져온 꽃가루를 실어 나르는 암컷 말벌들이 이 은화과 속으로 들어가 꽃에 알을 낳는다. 이때 암꽃의 암술대는 말벌의 산란관보다 길고 꽉 닫혔기 때문에 말벌은 좀더 짧고 열려 있는 암술대를 가진 중성화에만 알을 낳을 수 있다. 그에 따라 암꽃만 있는 꽃받침에서는 말벌이 부화하지 못한다. 더 놀라운 사실은, 이제 알을 낳는 암컷이 다리에 달린 꽃가루통에서 꽃가루를 꺼내 일부러 자기가 알을 낳은 꽃의 암술대에 올려놓아 수분이 반드시 일어나도록 행동한다는 것이다.

이 고전적이지만 기이하고 특이한 공진화의 예에서 무화과와 특정 종의 말벌은 떼려야 뗄 수 없는 필수적인 파트너다. 무화과는 이 말벌에만 의존해 수분하기 때문이다(가끔은 각각의 무화과 종이 각자 자기만의 말벌 파트너를 갖기도 한다). 그리고 말벌들은 자기 애벌레를 키우기 위한 기주식물로 무화과에 전적으로 의존한다.

과학자들이 무화과와 말벌 사이의 이 복잡하기 그지없는 상리공생 관계가 어떻게 돌아가는지 밝혔을 뿐 아니라, 열대 지방에 사는 서로 다른 무화과와 말벌 쌍 사이에 얼마나 많은 관계가 존재하는지도 알아냈다니 정말 놀라울 따름이다. 무화과는 열대 생태계의 핵심적인 종 중 하나로, 800종 이상의 무화과가 새와 박쥐, 영장류에게 자신의 열매를 먹이로 제공해 씨앗을 널리 퍼뜨리고 있다. 그렇기에 무화과의 건강한 개체군을 계속 지키기 위해 필요한 조건을 잘 아는 것이 중요하다.

하지만 기후변화 때문에 무화과와 말벌의 상리공생이 위태로워질지도 모른다. 열대 지방에서 무화과를 수분하는 말벌의 수명은 하루에서 이틀로 매우 짧다. 가뜩이나 짧은 수명은 기온이 4~7도 상승한다면 단 몇 시간으로 줄어들고 만다. 그러면 말벌이 수분할 수 있는 기회의 창은 훨씬 줄어들 것이다.

Floral idioms 꽃에 대한 관용구

어떤 개념을 일상적인 말로 전달하기 위해 꽃을 활용할 때, 우리는 보통 그 꽃이 무엇을 의미하는지 하나하나 따지지 않는다. 예컨대 영어권에는 다음과 같은 꽃과 관련된 관용구가 있다. 이미 그 자체로 아름다운 것을 더 낫게 만들려고 애쓰는 다소 바보 같고 지나친 행동을 가리키는 '백합에 금박을 입히다', 잘 쉬거나 에너지가 넘치게 보이는 것을 의미하는 '데이지처럼 신선하다', 죽어서 땅에 묻히는 것을 가리키는 '데이지를 밀어올리다', 더 이상 전성기가 아닌 누군가 또는 무언가를 가리키는 '다시 씨앗이 되다', 걱정 없는 안락한 생활에 대한 비유로 사용되는 '장미 침대',

예전만큼 더 이상 새롭고 흥미롭지 않다는 것을 가리키는 '장미꽃이 졌다', 사교 행사에서 다른 사람들과 어울리는 것을 쑥스러워하며 주목받기 싫어 차라리 벽이 되고 싶어 하는 사람들을 가리키는 '벽에 핀 꽃', 문제가 악화되기 전에 재빨리 대처하는 것을 의미하는 '봉우리 자르기', 바쁜 일정 속에서도 여유를 갖고 인생을 즐기라고 권하는 '잠깐 멈춰 장미꽃 향기 맡기', 완벽해 보이는 사람도 결점이 있다는 사실을 나타내는 '모든 장미에는 가시가 있다', 재능이나 흥미 측면에서 남들보다 늦게 재능을 꽃피우는 사람들을 일컫는 '늦게 피는 꽃', 수줍어하며 다른 이의 이목을 피하는 사람을 가리키는 '움츠리는 제비꽃' 등이다. 꽃과 관련한 관용구는 영어권뿐만 아니라 다른 언어권에서도 흔하게 쓰인다.

Frost flowers (*Crocanthemum canadense*) 서리꽃

기온이 영하로 떨어진 날에 서리풀 줄기에서 즙액이 나오는 것을 가리킨다. 이 '서리꽃'은 실제 꽃이 아니라 서리풀이라고 불리는 온대 지방의 조그만 키스투스과^Cistaceae 식물에서 날씨에 의해 생긴 현상이다. 겨울철에 알맞은 조건이 딱 떨어지면 이런 '꽃'들을 볼 수 있다. 추운 밤 뒤에 이슬점이 영하로 떨어지는, 서리가 내리고 맑으며 바람이 없는 날이 바로 그런 날이다.

서리꽃을 보기 위해서는 보통 태양에서 나오는 햇살이 식물에 내리쬐어 기온이 영상으로 올라가기 전에 밖에 나가 있어야 한다.

해가 뜨고 나면 아무리 추운 겨울날이라도 햇살이 서리꽃을 녹일 수 있다.

모래가 많은 토양에서 자라며 작고 노란 꽃을 피우는 서리풀은 초여름에 개화할 때는 특별히 매력적이지 않지만, 겨울에는 유심히 지켜볼 만큼 놀라운 모습을 자랑한다. 서리풀 줄기 속의 과냉각된 즙액이 춥고 건조한 밤에 팽창하면 줄기를 따라 균열이 생긴다. 그러면 과냉각된 수액이 이 균열을 통해 스며 나와 서리 결정과 만나면서 얇은 얼음 리본을 형성한다. 그리고 리본의 밑부분에 얼음이 추가로 생기면서 원래 리본을 밀어내고 때로는 스스로 말려들어가 '서리꽃'이라 불리는 꽃과 비슷한 구조를 만든다. 비록 꽃과 비슷하지 않은 형태라 해도 꽤나 장관이다.

몇몇 다른 식물도 같은 방식으로 서리꽃을 만들어내는데, 꿀풀과의 돌민트*Cunila origanoides*와 국화과의 흰왕관수염*Verbesina virginica*이 그렇다.

G

고온 건조한 날에 백선 근처에
성냥을 그어 불을 켜면
식물에 붙은 기름 성분이 타오르면서 불꽃이 인다.

Gallé, Émile 에밀 갈레

자연, 그중에서도 특히 식물에 바탕을 둔 디자인으로 예술적인 유리그릇을 제작해 유명해진 프랑스의 유리 공예가 갈레[1846~1904]. 그는 유리그릇이 기능적인 동시에 장식적이어야 한다는 강력한 믿음이 있었다. 식물에 대한 그의 열정은 어린 시절 알자스로렌 지역에 살던 가족의 정원에서 시작했다. 실용적인 유리와 도자기 제품을 만들어 성공을 거둔 제조업자의 아들로 자란 갈레는 결국 그 사업을 물려받아 직업으로 삼았다. 그에 따라 갈레는 유리잔과 도자기, 그리고 나중에는 수납장에 이르기까지 자연에 대한 예술적이고 혁신적인 해석을 발전시켜나갈 자기만의 작업장을 자유롭게 일굴 수 있었다.

갈레는 과학자인 동시에 예술가의 눈으로 식물을 바라보았고, 인상주의적이고 상징적인 방식으로 식물을 묘사했다. 그는 1890년대에서 1900년대 초의 예술계를 휩쓸었던 아르누보 운동의 중요한 일원으로 인정받았고 마침 이 시기가 그의 경력이 절정에 달하던 시기와 맞물렸다.

그뿐만 아니라 갈레는 애국심이 무척 강해 프랑스와 프로이센 사이에 전쟁이 벌어진 이후 독일이 알자스로렌을 합병하자, 그 지역에서 프랑스의 유산을 지키기 위해 로렌을 상징하는 십자가뿐 아니라 낭시의 엉겅퀴, 에피날의 흰 야생 장미 등 지역의 여러 마을을 나타내는 꽃들을 자신의 디자인에 도입했다. 갈레의 작품이 지닌 특징은 식물에서 가져온 모티프가 많다는 점인데 특히 난초와 목련^{Magnolia} spp., 나무줄기와 솔잎이 많이 등장했다. 처음에 그는 에나멜 도료를 입힌 유리를 사용했고 이후에는 둘 이상의 색상을 가진 유리 층을 합친 '케이스 유리'로 작업했지만, 내부 색상을 노출시키기 위해 산성 물질로 에칭을 하거나 케이스 유리를 직접 깎아서 만든 카메오 유리를 다루면서부터 큰 명성을 얻었다.

갈레는 평생 작업하며 국제적인 명성을 얻었으며 국제적인 전시회에서 수상하기도 했고 왕족이나 다른 고위 관리들에게 작품을 팔고 로열티를 받았다.

Gas plant (*Dictamnus albus*) 백선

남유럽, 북아프리카, 아시아에서 유래한 고풍스러운 정원용 꽃으로 향기로운 꽃이 피는 줄기가 빽빽하게 자란다. 꽃은 흰색이거나 분홍색이다. 오늘날에는 이 식물을 예전만큼 정원에 자주 심지 않는데 그 이유 중 하나는 식물의 수액에 있는 소랄렌이라는 독성 화합물이 햇빛과 반응해 사람의 피부에 타오르는 듯한 붉은 병변을 일으키고 더 오래되면 좀더 어두운 빛의 색소 침착을 일으키는 등 고통스러운 접촉성 피부염이 발생할 수 있기 때문이다.

이 종의 속명 '*Dictamnus*'는 크레타섬의 딕테산의 이름을 따서 지어졌고, 감귤류가 속한 운향과의 구성원이지만 우리가 오렌지나 레몬 같은 '감귤류'를 생각할 때 흔히 떠올리는 식물의 모습

백선은 휘발성이 강해
'가스 식물'이라든가
'불타는 덤불'이라는
일반명을 갖게 되었다.

과는 거의 닮지 않았다. 하지만 백선은 더운 날이면 특히 땅 위의 부분에서 레몬 향을 뿜는 기름진 성분을 생성한다. 그리고 놀랍게도 이 물질은 휘발성이 무척 강해 불이 붙을 수도 있다. 그런 이유로 '가스 식물'gas plant이라든가 '불타는 덤불'burning bush 같은 일반명을 갖게 되었다.[21]

21) 가을에 선명한 붉은빛으로 물들어 '불타는 덤불'이라 불리는 화살나무(*Euonymus alatus*)와는 다르니 혼동하지 말자.

고온 건조한 날에 백선 근처에 성냥을 그어 불을 켜면 식물에 붙은 기름 성분이 타오르면서 불꽃이 인다. 섬광처럼 화르륵 타오르기 때문에 식물은 타지 않는다. 이 풍경은 백선이 사는 지역에서는 꽤 흔히 보이는 모습이다. 고온 건조한 밤에는 이 불꽃이 더욱 장관을 이룬다. 이 식물의 화학적 성질을 조사한 결과 27개의 화합물이 발견되었는데 그중 벤젠의 한 형태가 분해되면서 생성된 이소프렌isoprene이 이 현상의 원인으로 추정된다.

H

식물 표본 모음의 역사는
압착된 식물 표본지를 책으로 묶었던
16세기로 거슬러 올라간다.

Haustorium 흡기

기생식물과 기주가 만나는 지점에 형성되는 식물 조직으로, 두 식물을 하나로 결합해 기생식물이 기주로부터 물과 양분을 빨아들이도록 한다. 흡기를 뜻하는 단어 'haustorium'은 '마시다'라는 의미의 라틴어 'haustor'와 '어딘가에 사용하는 장치'라는 의미의 'orium'에서 유래했다. 대부분의 흡기는 기생식물을 기주에 붙들고 고정하는 흡착기를 가지고 있어서 압력과 효소를 활용해 침입 기관이 기주의 조직을 뚫고 들어가게 한다. 기생식물의 물관부(물과 양분을 전달하는 관다발 조직)가 기주식물의 물관부와 만나면 두 전달 시스템 사이에 일종의 다리가 생긴다.

몇몇 기생식물은 기주에 단 한 개의 부착물을 만들어 평생 그것을 사용하는데 이것을 1차 흡기라고 한다. 이런 부착물은 대부분 새의 배설물이나 부리를 통해 떨어져 나온 씨앗이 기주의 가지에 올라가 발아하면서 만들어진다. 그밖에 뿌리 조직에서 2차 흡기를 만드는 기생식물들도 있다. 이런 종은 기주의 가지를 따라 여러 곳에서 더 침투한다. 한편 새삼 같은 종은 자신의 덩굴 줄기가 기주의 줄기와 직접 접촉하는 지점에서만 2차 흡기를 만든다.

흔히 볼 수 있는 기생식물로는 미슬토mistletoe라고도 불리는 겨우살이류[22]가 있다. 온대 지역 사람들은 작은 꽃을 피우고 하얀

22) 겨우살이과(Viscaceae), 꼬리겨우살이과(Loranthaceae), 에레몰레피드과

열매를 맺는 겨우살이과Viscaceae의 구성원들이 가장 친숙할 것이다(유럽에서는 겨우살이Viscum album, 북아메리카에서는 포라덴드론류Phoradendron spp.). 이 겨우살이류는 잔가지나 둥근 장식 아래 서서 누군가에게 입을 맞추는 크리스마스의 전통 풍습에 사용된다.

Heliconia (Heliconia spp.) 헬리코니아

헬리코니아과Heliconiaceae에 속하는 단형속(어떤 생물의 과에 하나의 속만 존재하는 것) 식물이다. 헬리코니아는 바나나Musa spp., 생강Zingiber officinale, 그리고 그 친척 식물들과 유전적으로 가깝다. 이 속은 서태평양의 제도에 자생하는 몇몇 종을 제외하고는 주로 중앙아메리카나 남아메리카의 열대 지방이 원산지다. 이 종의 키는 50센티미터부터 4.5미터까지 키의 편차가 크기는 하지만 일반적으로 큰 편이며 바나나 잎과 비슷하게 잎이 큼직하다. 눈에 띄고 극적이며 색이 화려한 꽃차례 덕분에 많은 종이 열대 지방의 정원에서 재배되었고, 몇몇 종은 생김새를 묘사하는 재미있는 이름이 붙기도 했다(예컨대 헬리코니아 로스트라타Heliconia rostrata는 '바닷가재의 집게발'과 '큰부리새의 부리'라 불린다).

헬리코니아의 꽃차례는 이 식물이 가장 흔하게 서식하는 어두운 열대우림의 바닥층에서도 금방 사람들의 주의를 끈다. 꽃차례에서

(Eremolepidaceae)라는 서로 다른 세 과에서 온 기생식물에 붙은 일반명.

헬리코니아 로스트라타는
'바닷가재의 집게발' 또는
'큰부리새의 부리'라고도 불린다.

가장 눈에 띄는 부분은 꽃대를 따라 똑바로 서 있거나 매달려 있는 억세고 색이 화려한 포엽들이다. 이 포엽 안에는 세 부분으로 구성된 단단한 꽃이 기저부에 관을 이루며 융합되어 있다. 이 신대륙에서 온 종과 공진화한 꽃가루 매개자는 바로 벌새다. 다양한 종의 벌새 부리가 특정 헬리코니아 종의 꽃과 완벽하게 들어맞도록 변형되었다.

벌새들은 이 꽃에 다가와 에너지를 얻기 위해 필요한 꽃꿀을 얻어 가는 대신 꽃을 수분시킨다. 이런 전형적인 주고받기 이외에 벌새들은 다른 기능도 수행한다. 일부 헬리코니아 종의 포엽 안에서 평생을 보내며 꽃꿀이나 꽃가루를 먹고 사는 조그만 진드기를 다른 곳으로 옮겨주는 일이다.[23] 진드기들은 꽃이

23) 벌새를 통해 수분하는 다른 꽃들에서도 동일한 시스템이 발견된다. 진달래과의 열대 식물들이 그렇다.

나이가 들면서 꽃꿀 분비가 감소하거나 자기 자손을 위해 더 넓고 경쟁이 덜한 공간이 필요해지면 현재 서식하는 꽃을 떠나려 할 수 있다(임신한 암컷 진드기는 수컷에 비해 더 자주 꽃을 옮긴다). 벌새가 수분하는 꽃에 사는 진드기는 단 하나, 또는 매우 한정된 종의 헬리코니아를 기주로 선택하지만 꽃을 방문하는 벌새를 탈 때는 다양한 종을 이용한다. 좀더 구체적으로 설명하자면 이 진드기는 새의 등 위가 아닌 콧구멍 안에 탄다. 그 안에 탄 진드기는 벌새가 자신이 선호하는 기주식물을 방문할 때까지 그 안에 머무른다. 따라서 벌새는 한 번에 여러 종의 진드기를 옮길 수 있다. 적절한 기주식물에 도달하면 진드기들은 하나씩 내린다. 아마도 진드기들은 꽃꿀의 향기를 이정표로 삼아 정확한 '정거장'에 도착했는지 알아낼 것이다.

어떤 헬리코니아 종이 일 년 내내 꽃을 피운다면 진드기는 지속적으로 그 기주를 선호할 가능성이 높지만 일 년 중 특정 기간에만 꽃을 피우면 진드기는 꽃이 피지 않는 시점부터 기주를 옮겨야 한다.

Hemiepiphyte 반착생식물

일생의 일부 기간은 땅에 닿지 않은 채 다른 식물 위에서 자라고, 일부 기간은 땅에 닿은 채로 자라는 식물을 가리킨다. 이런 점에서 이 식물들은 땅과 전혀 연결되지 않는 진정한 착생식물과는 차이가 있다.[24] 이런 완전한 착생식물의 예를 들자면 씨가 바람에 날려 퍼지거나 새가 씨를 놓아두는 과정을 시작으로 다른 나무의 줄기나 가지에서 살아가기 시작하는 여러 종의 파인애플과 Bromeliaceae 식물과 열대 난초가 있다. 착생식물은 빗물이라든가 나무 위 또는 주변에 쌓인 잔해로부터 물과 양분을 얻는다. 수가 너무 많아져 기주의 가지가 더 이상 무게를 견디지 못하는 일이 생기지 않는 한, 일반적으로 착생식물은 기주식물에 해를 끼치지 않는다.

반면에 반착생식물은 처음 자라기 시작하는 과정, 즉 씨앗이 나무 꼭대기 가지에서 발아하는 것은 동일하지만, 기생하는 과정에서 결국 땅에 기근[25]을 내리고 흙에서 양분을 흡수하기 시작한다는 점에서 차이가 있다. 이렇게 착생식물로 삶을 시작하는 식물을 1차 반착생식물이라고 한다. 이런 식물들은 지나치게 커져서 기주 나무를 완전히 집어삼킬 수도 있고 기주가 죽어 천천히 썩어가게 만들 수도 있다. 그렇게 기주가 사라지면 반착생식물은 독립적인 하나의 나무로 보이게 된다. '교살자 무화과나무'라 불리는 무화과 속의 한 종이 그런 예다.

24) 착생식물을 가리키는 단어 'epiphyte'는 '~위에'를 뜻하는 그리스어 'epi'와 '식물'을 뜻하는 그리스어 'phyte'에서 비롯했다. 그러니 말 그대로 다른 식물 위에서 자라는 식물을 뜻한다.
25) 공중에 노출된 뿌리―옮긴이.

또 다른 종류의 반착생식물인 2차 반착생식물의 경우는 이와 반대다. 이들은 씨앗이 땅에서 싹을 틔웠다가 점차 다른 나무의 줄기 같은 다른 형상을 향해 자라나며 덩굴이 되어 줄기에 붙은 뒤 계속 자란다. 그렇게 일단 빛을 충분히 얻을 수 있는 수준에 도달하면 씨앗은 땅과의 연결고리를 끊은 채 착생식물로 거듭난다. 천남성과의 많은 열대 식물이 이러한 방식으로 자란다. 몇몇 경우에는 식물이 좀더 많은 빛을 받기 시작한 시점부터 잎의 크기와 모양이 극적으로 변하기도 한다. 이런 식물들이 땅과 더 이상 연결되지 않는 때부터는 원래 땅에서 자라기 시작했는지, 아닌지를 현장에서 확인하기 어렵다는 이유로 이들을 '2차 착생식물' 대신 '유목민 덩굴'로 바꿔 불러야 한다고 주장하는 과학자들도 있다.

Herbarium 식물 표본 모음

보존된 식물 표본과 그 표본의 수집에 관련된 데이터를 모아 놓은 컬렉션을 말한다. 수집한 사람의 이름, 수집 날짜와 위치, 식물 표본에서 관찰할 수 없는 식물의 양상에 대한 설명(나무인지, 관목인지, 허브인지), 서식지, 관찰된 특정 동물과의 상호작용이 그런 데이터다. 식물학자와 생태학자 같은 과학자들은 연구나 참고용으로 이런 표본을 활용한다. 새로운 종의 이름을 붙이는 데 기초가 되는 표본을 대표 표본이라고 하며 다른 표본이 이 종에 속하는지에 대한 여부를 결정하는 기초 자료가 된다.

식물 표본은 건조되어 압착된 식물을 중성지에 붙이고
데이터를 라벨에 적는 방식으로 만든다.

식물 표본 모음은 보통 그것을 만든 해당 기관에서 인정한 분류 체계에 기초해 분류학적으로 정리된다. 같은 종으로 동정된 식물은 같은 폴더에 함께 보관되며, 이후 더 큰 집단인 속으로 묶인다. 몇몇 식물 표본은 어떤 과에 속하는지에 따라 알파벳순으로 정리되기도 한다.

대부분의 식물 표본은 건조되어 압착된 식물 또는 식물의 일부를 표준적인 크기의 무거운 중성지에 부착한 다음 표본에 대한 데이터를 라벨에 적는 방식으로 만들어진다. 압착할 수 없는 식물의 부위, 예컨대 목질의 열매는 수집 데이터들과 함께 상자에 별도로 보관된다. 그리고 금속 캐비닛에 들어가 선반 위에 보관되기 전에, 그 안에 있을지도 모를 곤충을 확실히 죽이기 위해 일단 냉동된다. 상태 좋은 꽃 같은 섬세한 자료는 건조된 채 작은 봉투에 담아 표본 시트에 부착하거나 알코올 또는 FAA(포름알데히드를 기반으로 한 혼합물)가 든 유리병에 보존한다. 이끼나 지의류는 건조해 종이 봉투에 보관한다.

이런 자료들은 식물학자들이 종에 대한 설명을 작성할 때나 화가들이 그 종을 그릴 때 참고가 된다. 전문화된 식물 표본에는 균류나 나무의 표본이 포함되기도 한다. 오늘날에는 연구자들이 직접 표본실을 찾지 않고 멀리서 간접적으로도 연구할 수 있도록 많은 표본이 디지털화되었다.

식물 표본 모음의 역사는 압착된 식물 표본지를 책으로 묶었던

16세기로 거슬러 올라간다. 린네는 표본의 분류법이 바뀌면 시트의 순서를 바꿀 수 있도록 표본 각각을 별도의 시트에 정리하는 게 현명한 방식이라는 사실을 처음 깨달은 사람이다.

Hydathodes 배수선

식물의 표피에 있으며 물을 배출하는 작은 구멍이다. 보통 잎 가장자리를 따라 잎맥의 끝부분에 존재한다. 이 구멍은 기공[26]이라 불리는 작은 구멍들과는 다르다. 기공은 잎의 표면(그리고 식물의 다른 부분들)을 뒤덮으며 공기 중의 이산화탄소를 흡수하고 광합성의 부산물인 산소와 수증기를 방출하는 가스 교환 기능을 하는 곳이다.

어떤 식물 종에서는 배수선이 이파리 <u>끄</u>트머리에서 두터워져서 작은 구멍처럼 눈에 보인다. 장미과에 속한 딸기류*Fragaria* spp.의 잎에서는 배수선을 쉽게 볼 수 있으며 다른 과의 여러 식물에서도 배수선이 관찰된다. 이렇듯 특별한 구멍에서 물이 방출되는 배수 현상(일액 현상)은 이른 아침 어린잎에서 가장 잘 나타난다. 밤에 식물이 식으면서 주변의 수분이 물방울로 응결되어 생기는 단순한 이슬과는 다르다.

딸기 잎의 톱니 모양 가장자리에 작은 물방울이 생기는 현상은

---

26) 기공을 나타내는 'stomata'는 그리스어로 '입들'을 뜻하는 단어에서 왔다.

석회바위취 잎의 윤곽선은
마치 서리가 덮인 것처럼 보인다.

식물을 따라 물관의 물을 잎맥 끄트머리까지 밀어 올리는 근압[27]
때문에 생긴다. 조건이 양호할 때, 즉 토양에 수분이 충분하거나
공기 중의 습도가 높고 잎에서 수분의 증산 활동이 적을 때 이런
배수 현상이 일어난다.

　나이가 많고 오래된 잎의 배수선에서는 고체 성분[28]들이 구멍
에 쌓여서 물이 빠져나가지 못하게 가로막아 배수 현상이 멈추기
도 한다. 이러한 물질을 물리적으로 제거하면 다시 물이 통하기
시작한다. 배수선에 광물질이 쌓이는 흥미로운 사례로 북반구 냉

27) 뿌리압, 식물 뿌리에 생기는 압력─옮긴이.
28) 물관을 통해 운반된 광물질이나 잎의 큐티클 층에서 온 왁스.

대림의 석회가 풍부한 토양에서 자라는 범의귀과^{Saxifragaceae}에 속한 식물 석회바위취$^{Saxifraga\ paniculata}$를 들 수 있다. 이 식물의 뿌리는 토양에서 나온 석회가 녹아 있는 물을 빨아들이며, 이 물은 나중에 잎 가장자리를 따라 있는 배수선으로 배출된다. 이 과정을 통해 흰색 퇴적물이 잎의 윤곽선에 쌓이게 되고 이는 마치 서리가 덮인 것처럼 보인다.

I

두상꽃차례는 두 종류의 꽃으로 이루어지는데
하나는 중앙의 관상화이고 다른 하나는 그 주위를 둘러싸며
마치 잎처럼 보이는 설상화다.

Inflorescence 꽃차례

꽃들을 하나의 축(보통 줄기가 그 축이다)에 배열하는 방식을 말한다. 꽃차례는 모양과 크기가 다양해서, 꿀풀과의 여러 구성원처럼 줄기를 따라 직접 꽃이 달려서 피는 단순한 수상꽃차례부터 하나의 꽃인 것처럼 보이지만 사실은 수많은 꽃으로 구성된 국화과의 두상꽃차례까지 갖가지다. 가장 일반적인 경우에 두상꽃차례는 두 종류의 꽃으로 이루어지는데 하나는 중앙의 관상화이고 (예컨대 데이지에서 노란색의 한가운데 부분) 다른 하나는 그 주위를 둘러싸며 마치 꽃잎처럼 보이는 설상화(데이지의 가장자리 흰색 부분)다.

그다음으로 흔한 꽃차례들을 살펴보자. 먼저 가는잎미선콩속 ^{Lupinus}의 루핀처럼 각각의 꽃이 작은꽃자루라 불리는 짧은 줄기에 의해 주된 큰 줄기와 연결되어 있어 쐐기처럼 보이는 총상꽃차례가 있다. 또 노루오줌속^{Astilbe}처럼 큰 줄기에서 나온 짧은 가지들에 꽃들이 붙어 있는 원추꽃차례(복합적이거나 보다 작은 총상꽃차례), 서양톱풀속^{Achillea}처럼 주된 큰 줄기를 따라 서로 다른 지점에서 서로 다른 길이의 작은 줄기가 뻗어 나와 그 위에 꽃이 달려 위가 편평한 송이를 이루는 산방꽃차례, 산당근$^{Daucus\ carota}$ 꽃처럼 주된 줄기의 같은 지점에서 나온 서로 다른 길이의 줄기에 꽃이 붙어 있어서 마치 뒤집힌 우산 같은 산형꽃차례도 있다.

자작나무나 버드나무처럼 비늘 같은 포엽 안에 (보통의 경우) 단순한 바늘 모양의 꽃이 각각 걸려 있는 미상꽃차례도 있다. 또 여기에 언급된 몇 가지 유형에서 변형되거나 좀더 특수화된 다른 유형의 꽃차례들도 존재한다.

J

오키프는 대상을 큼직하게 확대하는
양식화된 방식으로 극적인 효과를 주며
독말풀의 소용돌이치는 듯한 꽃을 그리곤 했다.

Jack-in-the-pulpit (*Arisaema triphyllum*) 미국천남성

미국 동부에 피는 천남성과의 독특한 봄철 야생화로 영어 일반명인 '설교단의 잭'은 식물의 생김새를 묘사한다. 꽃차례의 모양이 (잭이라는 이름의) 한 설교자가 툭 튀어나온 설교단에 서 있는 모습을 방불케 한다는 이유에서 이런 이름이 붙여졌다. 이 꽃차례의 조금씩 변형되는 특징인 불염포(주변을 둘러싼 '설교단')와 육수꽃차례(설교자 '잭')는 스컹크 캐비지*Symplocarpus foetidus*에서 칼라*Zantedeschia* spp.에 이르는 천남성과의 모든 구성원에서 찾아볼 수 있다. 오늘날 북아메리카에는 천남성속*Arisaema*의 종 가운데 단 하나가 발견될 뿐이지만 동아시아에는 여러 종이 자생하고 있다.

이 미국천남성은 우리가 흔히 볼 수 있는 봄철 야생화 가운데 사람들에게 꽤 잘 알려져 있다. 이 종은 (드문 예외가 있긴 하지만) 한 식물에는 수꽃만 피고 다른 식물에는 암꽃만 피는 이가화二家花의 특징이 있다. 해마다 필요한 자원(물과 저장된 탄수화물)을 얼마나 많이 구할 수 있는지에 따라 이 식물은 '성전환'을 할 수 있다. 식물이 열매를 맺는 데 필요한 에너지를 공급하기에 저장된 자원이 불충분하다면 식물은 그대로 남아 있거나 수꽃으로 되돌아간다. 그러다 다음 해에 강우량과 햇빛, 저장된 양분이 충분해지면 다시 암꽃의 꽃차례와 열매를 생산한다. 반면에 미성숙한 식물은 꽃차례를 만들지 않는다.

언뜻 암수 식물은 다를 바 없는 듯 보인다. 꽃은 불염포에 둘러

암꽃

수꽃

미국천남성은 봄철 야생화로 한
식물에는 수꽃만 피고 다른 식물에는
암꽃만 피는 이가화다.

싸인 긴 부속지의 기단부에 있는 육수꽃차례에 자리한다. 꽃이 암
꽃인지 수꽃인지 확인하기 위해서는 불염포를 조심스레 벌려야
한다. 수꽃은 네 개의 수술을 지닌 단순한 하얀색 꽃이며 암꽃은
둥근 녹색의 씨방들을 가진 꽃으로 각각의 씨방 위쪽에는 솜털이
보송보송한 흰색 암술머리가 있다.

물론 육수꽃차례를 살피기 전에 꽃의 성별을 알 수 있는 단서
도 종종 있다. 예컨대 상당수의 수꽃 꽃차례를 둘러싼 불염포 기
단부에는 곤충이 탈출할 수 있는 작은 구멍이 난 경우가 많다. 이

꽃을 방문하는 곤충은 보통 후각 신호에 속아서 자기가 먹이를 찾고 알을 낳을 균류의 몸체를 찾았다고 여긴 조그만 버섯파리들이다. 그러다 자신의 실수를 깨달은 버섯파리는 미친 듯이 탈출할 방법을 찾기 시작한다. 그리고 이내 꽃가루를 묻힌 채 수꽃의 불염포를 벗어나 암꽃의 꽃차례로 날아간다(암꽃도 균류의 향을 내뿜어 이 곤충이 들어오도록 유혹한다. 버섯파리는 그렇게 머리가 좋지 않다는 사실을 기억하라).

꽃가루를 가져온 이 곤충은 그것을 암술머리에 묻혀 타가수분[29]을 일으킨다. 하지만 암꽃의 불염포에는 버섯파리가 나갈 탈출구가 없어서 이 곤충은 자신의 임무를 완수하고 나서도 그 안에 갇혀 죽을 수밖에 없다.

Jimsonweed (*Datura stramonium*) 독말풀

가지과의 크고 거친 식물로, 농부들은 이 식물이 경작된 밭과 목초지에 침투해 농작물을 망치고 농기계를 손상시킨다는 이유로 해로운 잡초로 여긴다.

하지만 나는 독말풀이 그 아름다움에 비해 과소평가되고 있다고 생각한다. 내 생각에 그 이유는 독말풀의 큼직한 흰 꽃은 해 질 녘에 피는데 이때는 이 식물의 놀라운 깔때기 같은 생김새라든지

---

29) 다른 개체의 꽃가루를 받아서 수정이 일어나는 것—옮긴이.

독말풀은 환각 성분을 함유하고 있으며
독성이 매우 강하다.

저녁 공기를 물들이는 진하고 달큰한 향기를 제대로 감상할 만한
사람이 적기 때문일 것이다. 상당수의 야행성 꽃이 그렇듯, 독말풀
역시 꽃꿀을 빨아 먹기 위해 꽃의 바닥 깊숙한 곳까지 탐색하면서
무심코 긴 관 모양 주둥이에 꽃가루를 묻혀 다른 꽃에 옮기는 커
다란 박각시나방의 방문 대상이다.

20세기에 활동했던 화가 조지아 오키프Georgia O'Keeffe는 이러한
독말풀의 아름다움을 놓치지 않았다. 오키프는 대상을 큼직하게
확대하는 양식화된 방식으로 극적인 효과를 주며 독말풀의 소용

돌이치는 듯한 꽃을 그리곤 했다.

독말풀의 영어권 일반명인 'Jimsonweed'는 '제임스타운 잡초' Jamestown-weed가 변형된 이름인데, 애초에 그 이름이 붙었던 계기는 당시 영국의 식민지였던 버지니아주 제임스타운의 초기 역사에서 이 식물이 큰 역할을 했기 때문이다. 1676년 봄, 너새니얼 베이컨Nathaniel Bacon이 이끄는 식민지 주민들의 반란을 진압하고자 영국에서 제임스타운에 군인들을 보냈다. 이 군인들은 스튜를 요리하면서 독말풀의 잎을 포함해 지역에서 나는 식물을 모아 냄비에 넣은 뒤 대량으로 먹어치웠다. 그 결과 영국 군인들은 11일 동안 제정신을 차리지 못했다. 이 군인들은 독말풀이 가지과의 다른 종들처럼 환각 성분을 함유하고 있으며 독성이 매우 강하다는 사실을 몰랐다. 어쨌든 결국 군인들은 회복되었고 베이컨의 반란은 오래가지 못했지만 이 이야기는 사람들의 입에 오래 회자되었다.

K

우리가 가장 흔히 먹는 키위는
원산지가 중국이지만 오늘날 뉴질랜드를 비롯한
전 세계 여러 지역에서 널리 재배된다.

Kalm, Pehr 페르 칼름

스웨덴의 저명한 식물학자 린네의 제자였던 페르 칼름[1716~1779]은 스승에 의해 1748년 북아메리카로 떠나는 대규모 탐험대에 선발되었다. 이후 2년 반 동안 칼름은 뉴욕, 뉴저지, 펜실베이니아, 캐나다 일원을 돌아다니며 식물과 씨앗, 그밖의 유기체들을 채집했다. 그는 이때 잠재적으로 경제적 가치가 있을 만한 것들에 특히 중점을 두었다.

린네는 나중에 칼름이 채집해온 60종의 식물을 분류학적으로 새로운 종이라고 인정했고, 칼름이 뉴저지에서 수집한 식물에 대해 그의 이름을 따서 칼미아속*Kalmia*이라고 명명했다. 식물학에 대한 제자 칼름의 공헌을 기리기 위해서였다. 칼름 자신도 이 탐험을 통해 세 개의 새로운 속을 발견했는데 각각 가울테리아속*Gaultheria*, 폴림니아속*Polymnia*, 레체아속*Lechea*이 그것이다.

칼름의 북아메리카 식물 표본집 세 세트 중 남아 있는 것은 둘인데, 하나는 런던린네협회의 표본실(린네의 실제 식물 표본이 있다)에 있고 다른 하나는 웁살라대학교 자연사 박물관에 있다. 세 번째 세트는 1827년 핀란드 오보에서 발생한 큰 화재로 소실되었는데 이때 칼름의 원고 일부도 사라졌을 가능성이 높다. 그래도 원고의 일부는 나중에 다른 곳에서 발견되었다.

칼름은 자신의 탐험 이야기를 세 권의 책으로 나누어 출판했다. 자신이 마주한 동식물뿐만 아니라 그가 만났던 북아메리카 원주민과 식민지 주민들(여기에는 벤저민 프랭클린과 존 바트럼이 포함된다)의 삶이 자세히 묘사되어 있다. 그런 만큼 이 원고는 18세기 중반 북아메리카 사람들의 삶에 대한 중요한 참고 자료다. 비록 칼름이 출판사를 찾는 데 어려움을 겪느라 더 이상 집필이 이어지지 못했지만 스웨덴어 판본에는 칼름의 노트에서 나온 추가 정보가 포함되어 있다. 칼름은 핀란드 역사상 손에 꼽히는 훌륭한 탐험가로 평가받는다.

Kiwi (*Actinidia deliciosa*) 키위

다래나무과^Actinidiaceae에 속하는 이 꽃 피는 덩굴에서는 겉에 털이 난 갈색 열매가 열린다. 얼핏 보기에는 이 열매가 구미에 당기지 않을 수 있지만 일단 잘라보면 즙이 많은 초록색 과육이 나타나며 상큼하게 톡 쏘는 맛이 매력적인 과일이라는 사실이 드러난다. 우리가 가장 흔히 먹는 키위(양다래라고도 한다)는 원산지가 중국이지만 오늘날 뉴질랜드를 비롯한 전 세계 여러 지역에서 널리 재배된다.

키위는 수꽃과 암꽃이 서로 다른 식물에서 피는 이가화이기 때문에 열매가 맺히려면 타가수분이 필수적이다. 그래서 감탕나무속^Ilex과 마찬가지로 열매를 생산하기 위해서는 암꽃과 수꽃을 피우는 식물이 서로 가까이 자라야 한다. 수꽃은 제 역할을 다하는 놀라운 양의 꽃가루를 생산하는 수술이 많은 데 비해 암꽃은 수술이 있기는 해도 제 기능을 못하는 꽃가루만 생산한다. 대신 암꽃은 가지가 많이 달린 끈적이는 암술머리를 가졌으며 여기에서 최소한 4일에 걸쳐 꽃가루 발아[30]를 촉진한다. 꽃가루는 바람에 의해 옮겨지기도 하지만 가장 효과적인 매개자는 곤충이다. 뉴질랜드가 원산지인 호박벌을 비롯한 여러 벌들, 꽃등에와 장수하늘소는 이 식물의 꽃가루 매개자로 기록된 150종 넘는 곤충들 중 일부다.

키위가 상업적으로 재배되면서 사람들은 꿀벌을 과수원으로 데려와 수분하도록 했는데 이때 원래의 꽃가루 매개자들은 부차적인 역할만 한다. 키위를 재배하는 또 다른 지역에서는(예컨대 이탈리아라든지) 강력한 선풍기를 사용해 꽃가루를 수꽃에서 암꽃으로 퍼뜨린다.

이 다래나무속*Actinidia*에 속하는 또 다른 식물인 중국의 개다래 *Actinidia polygama*는 고양이를 끌어들이는 알칼로이드 성분인 악티니딘*actinidain*을 함유하고 있어 고양이가 화학 성분에 도취되어 침을 흘리는 반응을 일으키기도 한다.

30) 꽃가루가 난세포와 수정되기 위해 화분관이 신장되는 것 — 옮긴이.

L

백합류와 원추리류는 고양이에게
매우 독성이 강하므로
고양이를 키우는 가정에 들여놓아서는 안 된다.

Lilies (*Lilium* spp.) 백합

잎이 길고 직선으로 뻗은 이 백합과Liliaceae 구근식물은 외떡잎 식물의 전형적인 특징을 가진다. 잎맥이 서로 평행하게 배열되어 있으며 꽃의 여러 부위가 세 개이거나 3배수라는 점에서 그렇다. 꽃의 화려함을 담당하는 꽃잎은 서로 매우 닮아 있으며 '화피 조각'tepal이라고 불린다. 세 개의 바깥쪽 화피 조각은 꽃받침을 이루며 세 개의 안쪽 조각은 꽃잎을 이룬다. 백합류는 특히 부활절 기간에 정원이나 꽃꽂이용 식물로 인기가 있어 흔히 볼 수 있다. 몇몇 종은 순수함을 상징하며 성모 마리아와도 연관된다.

이런 백합*Lilium longiflorum*뿐만 아니라 다른 백합류와 원추리류*Hemerocallis* spp.는 고양이에게 매우 독성이 강하므로 고양이를 키우는 가정에 들여놓아서는 안 된다. 고양이가 떨어진 꽃가루를 핥기만 해도 중독되어 치명적인 신부전을 일으킬 수 있다. 그런 위험을 이유로, 그리고 화려한 꽃밥에서 떨어진 기름기 있는 꽃가루가 흰색의 백합 화피뿐만 아니라 테이블보나 카펫을 더럽힐 수도 있어서 이 식물을 판매하기 전에는 꽃밥을 아예 제거하는 경우가 많다. 내 생각에는 그 결과 꽃의 아름다움이 조금 줄어드는 듯하지만 말이다. 이렇게 독성을 나타내는 화학물질의 정체는 아직 밝혀지지 않았다.

이렇듯 고양이에 대한 독성이 있음에도 아시아와 북아메리카 사람들은 백합의 여러 부위(꽃, 꽃봉오리, 새싹, 구근)를 그동안 섭취해왔고 지금도 마찬가지다. 하지만 몇몇 백합은 사람에게도 독성이 있으니 주의해야 한다.

그런데 오늘날 안타깝게도 우연히 유입된 유라시아 자생 곤충인 긴가슴잎벌레가 백합에 큰 피해를 주고 있다(곤충 자체는 예쁘지만!). 이 곤충의 성충은 잎사귀에 사슬 모양으로 알을 낳으며 애벌레는 부화하자마자 잎사귀를 먹기 시작해 다 클 때까지 계속 먹어치운다. 긴가슴잎벌레는 백합뿐만 아니라 숲에 사는 죽대아재비속의 미국 자생종 $^{Streptopus\ lanceolatus}$ 같은 백합의 토착 친척 종들에게도 해를 끼치고 있다.

Living stones (*Lithops* spp.) 리토프스

아프리카 남부 사막에서 자라며 주변의 토양을 덮은 조약돌을 모방하는 번행초과 ^{Aizoaceae} 의 수수께끼 같은 식물이다. 초식동물들도 이 식물의 다육질 잎을 찾지 못하고 넘어갈 정도다. 대부분의 리토프스는 지름이 25밀리미터밖에 되지 않으며 마치 조약돌처럼 어두운 회색, 갈색, 황갈색, 칙칙한 녹색의 다양한 색을 띠고 있다. 자기를 먹어치우는 초식동물에 대한 추가적인 방어책으로 두툼한 맨 위 표면('얼굴' 부분)만 바깥 공기와 햇볕에 드러내고 다육질의 잎 두 장은 흙 속에 숨어 있다. 속명인 *Lithops*는 '돌'을 뜻하는 그리스어 'lithos'와 '얼굴'을 뜻하는 'ops'에서 유래했다. 다채로운 색깔의 무늬가 있는 '얼굴'들 덕분에 리토프스는 다육질 식물

리토프스는 조약돌 같은 생김새로
잎 사이에서 새로운 잎과 꽃이 자라난다.

애호가들 사이에서 인기를 누린다. 이 무늬는 잎의 윗부분에 있는
복잡한 모양의 반투명한 틈새에 의해 형성되며, 그에 따라 식물이
진짜 조약돌 같은 생김새를 띠게 한다. 그뿐만 아니라 이 반투명
한 틈새는 엽록소가 존재하는 식물의 맨 밑 지하 부분까지 햇빛이
도달해 광합성이 일어나도록 한다.

　리토프스의 서식지에는 비가 거의 내리지 않으며 온다 해도 일
시적이기 때문에, 이 식물은 땅 밑의 다육 조직에 수분을 오랜 기
간 저장하거나 때로는 이슬을 유일한 수분 공급원으로 삼아야 한
다. 그래서 약 38개 종은 지하수까지 침투할 수 있는 깊은 뿌리가
있다. 그래도 가뭄이 길어지면 리토프스는 땅속으로 쪼그라들어

비가 다시 내리기까지 기다렸다가 비가 온 뒤에야 다시 자라기 시작한다. 이상적인 조건이라면 이 식물은 최대 50년까지도 살 수 있다.

인접한 구근의 잎 사이에는 생장이 왕성한 중심부가 있는데 이곳에서 새로운 잎이 자라난다. 매년 한 쌍의 새로운 잎이 오래된 잎 안에서 자라는데 이때 오래된 잎의 표면이 갈라지며 직각으로 새로운 잎이 돋아나 수분을 흡수하며 자란다. 이렇게 새로운 잎이 나타나면 오래된 잎은 시들어 식물의 기단부를 따라 쪼그라든다. 드물게는 두 쌍의 새로운 잎이 생겨 이중의 머리를 형성하기도 한다.

이런 과정을 통해 장기간에 걸쳐 꽤 크기가 큰 군락이 생겨난다. 새로운 잎이 성숙하면 흰색이나 노란색을 띤 끈 모양의 꽃잎을 갖춘 꽃을 피우며 그중 일부는 좋은 향을 낸다. 리토프스속의 식물은 동일한 개체 안에서 스스로 수정하지 못하기 때문에 다른 개체로 타가수분을 해야 한다. 이 작업은 여러 곤충이 도맡는 것으로 추정되며 아마도 꿀벌이 담당할 가능성이 높다.

리토프스속 식물은 위장 실력이 매우 뛰어나 자연 서식지에서는 눈에 띄지 않기 때문에 아직 발견되지 않은 종이 여럿 존재할지도 모른다.

Lotus (*Nelumbo* spp.) 연꽃

물에서 자라는 연꽃과^{Nelumbonaceae}의 이 종은 아시아에서 나는 것과 북아메리카에서 나는 것 딱 두 종뿐이다. 두 종 모두 눈에 띄게 아름답다. 아시아에 자생하는 연꽃^{Nelumbo nucifera}이 다른 종에 비해 좀더 잘 알려져 있다. 분홍색과 흰색을 띠는 아름답고 큰 꽃을 피우고 전 세계 식물원의 물웅덩이에서 흔하게 재배되기 때문이다. 연꽃은 성스럽다고 알려져 있으며 여러 문화권에서 이 꽃을 숭배한다. 예컨대 부처가 앉아 있는 대좌는 연꽃 모양인데 불교에서 이 꽃은 물질주의에 사로잡힌 인간의 영혼이 깨달음을 얻어 성장하는 것을 상징한다.

이 꽃은 경제적으로도 쓸모가 있다. 동아시아에서는 연꽃의 뿌리줄기를 요리 재료로 쓰며 씨앗도 날것으로 그대로 먹거나 조리해서 먹고, 때로는 가루로 갈아 수프나 찌개를 걸쭉하게 만드는 용도로 쓴다. 어린잎도 식재료로 쓰이며 오래된 잎은 다른 음식을 싸는 포장재로 사용된다.

한편 북아메리카에서 자라는 종인 미국황련^{Nelumbo lutea} 역시 아시아 종 못지않게 아름답다. 꽃은 분홍색과 흰색이 아닌 노란색이다. 연못, 늪, 습지의 잔잔한 물에서 자라지만 서식지에서도 대체로 흔하게 볼 수는 없다. 꽃과 크고 둥근 잎은 수면 위로 몇십 센티미터 올라간 곳에서 자라난다.

연꽃속 식물을 관찰하는 즐거움 중 하나는 연잎 표면에서 물방

연꽃은 성스러운 꽃으로 여겨지며
영혼의 깨달음을 상징한다.

울이 구슬처럼 맺혀 은색 수은 덩어리처럼 굴러가는 모습을 지켜
보는 것이다. 이런 현상이 나타나는 이유는 연잎 표면에 작은 돌
기가 덮여 있고 그 위가 왁스로 코팅되었기 때문이다. 이러한 미
세 구조 때문에 연잎은 '연꽃 효과'라고 알려진 물을 강하게 밀어
내는 특성, 즉 초소수성을 보인다. 그 결과 물방울은 표면의 2~3퍼
센트만 연잎과 접촉하며, 아래쪽에 갇힌 공기는 물방울이 은색을
띠게 한다.

　나노과학자들은 이 현상을 모델로 여러 유용한 것들을 개발하
고 있다. 스스로 세탁되는 직물에 적용될 레이저로 구조화된 실

리콘 표면이라든지 선박이 물속을 좀더 효율적으로 통과하도록
하는 페인트, 얼음을 잘 떨구어내는 비행기 겉면의 코팅이 그것
이다.

M

북아메리카의 원주민들은 칼미아의 줄기로
숟가락 정도밖에는 만들지 못했다.
그래서인지 이 식물을 '숟가락 나무'라는 일반명으로 부른다.

Marcgraviaceae (shingle plant family)
마르크그라비아과

열대산 칡인 덩굴식물로 이뤄진 소규모 과다. 이 식물은 종종 반착생식물인 기어오르는 덤불 같은 관목이며 멕시코 남부, 남아메리카의 대부분, 서인도제도의 앤틸리스 제도를 아우르는 신대륙의 열대 지방 토착종인 작은 나무들이다. 이 과는 마르크그라비오이데아과Marcgravioideae와 노란테오이데아과Noranteoideae의 두 아과로 이루어진다. 전자는 가장 큰 속인 마르크그라비아속Marcgravia만 포함하며, 후자는 노란테아속Norantea을 비롯한 여섯 개의 속으로 이루어진다.

마르크그라비아과 식물의 말단 꽃차례를 보면 그저 놀랍다는 말밖에 나오지 않는다. 각각의 꽃이 꽃가루 매개자를 유혹하기 위해 꽃이 아닌 부분에서도 꽃꿀을 공급한다. 마르크그라비아속의 꽃차례는 마차의 바큇살처럼 유사 산형꽃차례로 배열되어 있고, 한가운데 있는 불임성 꽃에는 물병 모양의 포엽이 생식 기능이 없는 작은 꽃자루와 융합되어 있다. 포엽은 꽃 바깥에 있는 꿀샘 역할을 한다. 이 포엽으로 분비되는 달콤한 액체는 꽃가루 매개자들을 유인하는데 식물 종에 따라 매개자도 각기 다르다. 몇몇 경우에는 밝은색 포엽이 새를 유인해 수분하지만, 많은 경우에 포엽은 칙칙한 녹색이나 갈색을 띠며 이런 종의 밤에 피는 생식력 있는 꽃들은 박쥐에 의해 수분된다.

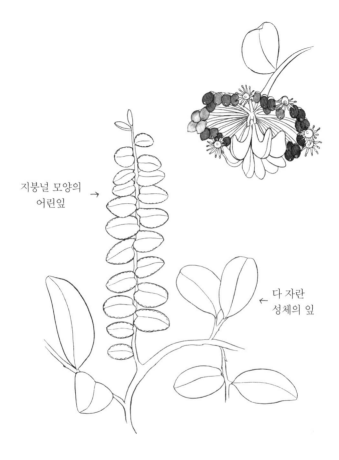

지붕널 모양의
어린잎 →

← 다 자란
성체의 잎

마르크그라비오이데아과 식물의 여린 잎은 지붕널처럼 겹쳐져
자라지만, 성숙한 잎은 잎자루에 달린다.

노란테오이데아과에서
마르크그라비아스트룸속을 제외한
속들의 꽃 모양.

주머니쥐의 일종이 마르크그라비아속 식물에서 꽃꿀을 가져가는 모습도 관찰된 적이 있다. 어떤 경우든, 꿀샘 위쪽의 생식력 있는 꽃에서 나온 꽃가루가 이 식물에 방문하는 동물의 머리를 뒤덮는다.

노란테오이데아과에서 마르크그라비아속과 비슷한 꽃차례를 가진 마르크그라비아스트룸속*Marcgraviastrum*을 제외하면, 이 아과의 나머지 속들은 꽃차례가 수상꽃차례와 비슷하며 모두 꽃자루에 어떤 종류든 꽃 이외의 꿀샘이 붙어 있다. 몇몇 작은 꽃은 꽃꿀을 빨아먹으려고 방문하는 나비와 같은 곤충들에 의해 수분이 이뤄질 가능성이 높으며, 좀더 튼튼하고 밝은색을 띤 꽃의 경우에는 벌새를 비롯한 새들이 주로 방문한다.

이 과의 일반명인 '지붕널풀'은 마르크그라비아속 종이 가진 잎 모양에서 유래했다. 어린잎은 작고 기단부가 하트 모양이며 이곳을 통해 나무줄기에 달라붙어 겹쳐서 자라는데 그 모습이 지붕널shingle 같다. 그런데 마르크그라비아속의 잎은 두 가지 모습을 띠는 이형성을 특징으로 한다. 식물이 성숙하면서 나무줄기에서 갈라져 나와 꽃을 품은 싹에서 돋은 다 자란 잎은 어린잎과 달리 잎자루가 있으며 좀더 직선적이다. 마르크그라비아라는 속명과 이 무리가 속한 과의 이름은 17세기 초 독일의 박물학자이자 지도 제작자였고 브라질을 다룬 첫 자연사 관련 저서를 공저한 천문학자 게오르크 마르크그라프Georg Markgraf를 기리기 위해 붙여졌다.

Mayapple (*Podophyllum peltatum*) 메이애플

커다란 우산 같은 잎을 가진 미국 북동부에 흔한 봄철의 야생화다. 메이애플은 북아메리카에 자생하는 포도필룸속*Podophyllum*의 유일한 종이다. 일반명의 뜻이 '5월의 사과'인 이 종의 열매는 늦여름이 되어서야 익으며 꽃은 말 그대로 5월에 핀다. 깽깽이풀류*Jeffersonia* spp.와 마찬가지로 메이애플은 매자나무과의 초본식물이다.

잎은 접힌 우산처럼 지면에서 나와 들쭉날쭉하고 넓은 잎으로 갈라지는데 그 폭이 최대 30센티미터에 이른다. 잎 두 개를 갖춘 다 자란 식물만이 번식에 돌입해 잎자루마다 한 개의 꽃을 피운다. 꽃은 크고 하얗지만 잎에 가려질 때가 많아 곤충 손님을 거의 받지 못해 열매를 맺는 일이 드물다. 커다란 녹색 씨방은 여름이 지나면서 천천히 성숙해 부드러워지며 노란색으로 변한다. 열매가 다 익어 그 무게 때문에 식물이 땅에 쓰러지게 되면 그제야 상자거북이 다가와 열매와 씨앗을 먹는다. 과학자들의 실험에 따르면 상자거북의 소화기를 통과하는 씨앗은 땅에 떨어져 그대로 남아 있는 씨앗에 비해 싹을 틔울 확률이 거의 두 배나 더 높다.

독성이 있는 상당수의 식물이 그렇듯 메이애플 역시 그동안 의학적으로 사용되었다. 아메리카 원주민들은 이 식물로 회충 감염을 치료하거나 구토제로 활용했으며 강한 독성을 활용해 스스로 목숨을 끊는 데도 이용했다. 아시아에서 자라는 포도필룸속의 종들은 현대 의학에도 사용된다. 반합성[31] 약물인 에토포시드와 테니포시드를 만들어내는 중요한 화합물(포도필로톡신)의 원재료이기 때문이다. 이 두 약물은 여러 암을 치료하는 데 성공적으로 사용되어 왔다. 이때 일차적으로 쓰이는 주된 종은 히말라야산맥에서 자생하는 히말라야 메이애플*Podophyllum hexandrum*이다.

그런데 약물이 성공을 거두면서 이 종은 지나치게 많이 채집되

---

31) 자연 상태의 물질을 화학적인 방법으로 변형하는 것 ─ 옮긴이.

었다. 땅속 뿌리줄기에서 사람들에게 필요한 화합물을 얻으려면 식물 전체를 뽑아내야 하기 때문이다. 그래서 연구자들은 포도필로톡신을 제조하는 데 메이애플을 비롯한 포도필룸속의 다른 종을 쓸 수는 없는지에 대한 가능성을 연구하는 중이다.

메이애플은 히말라야 메이애플에 비하면 이 화합물의 함유량이 절반 정도에 지나지 않지만 그래도 뿌리줄기뿐만 아니라 식물 전반적으로 이 화합물이 발견된다. 그러니 어쩌면 지속 가능한 방식으로 메이애플을 길러낼 방법이 존재할지도 모른다. 식물의 성장기가 끝날 무렵까지는 잎만 수확하며 광합성을 통해 뿌리줄기에 탄수화물을 저장하는 시간을 충분히 준 다음, 이후 토양에 남은 뿌리줄기를 통해 식물이 계속 자랄 수 있도록 하는 식으로 말이다.

Mee, Margaret 마거릿 미

미[1909~88]는 1952년에 브라질로 이주한 영국 태생의 화가로 자신이 살던 대서양 연안 숲의 아름다움과 생물 다양성에 깊은 감명을 받았다. 브라질에서 식물학자와 화가들을 알게 된 그녀는 자신이 마주한 여러 아름다운 생물 종의 '초상'을 그리는 데 집중하기 시작했다. 미는 브라질에서 일하는 식물학자들에게 재능을 인정받았고, 브라질에서 자라는 파인애플과 식물에 대한 책에 들어가는 그림을 그릴 화가로 고용되었다. 새로 발견된 파인애플과의 세 종은 마거릿 미의 이름을 따서 명명되었다.

얼마 지나지 않아 미는 아마존의 매력에 풍덩 빠졌고 종이 풍부한 열대우림에서 만나게 될 보물 같은 식물들에 매료되었다. 미는 1956년의 첫 아마존 여행에서 얻은 결과로 작품 전시회를 열었고 큰 호평을 받았다. 아마존의 꽃을 그리는 화가로서 경력을 시작한 순간이었다.

겉모습은 유약해 보이지만 정신은 모험가 같았던 미는 열정을 다해 꽃을 새로 발견하고 그리기 위해 수많은 고난을 기꺼이 견뎠다. 도합 15번의 아마존 여행을 갔던 미는 마지막 탐험이었던 1988년에 '문 플라워'Selenicereus wittii라 불리는 밤에 피는 착생성 선인장의 꽃을 그리게 되었다. 예전에도 이 흔하지 않은 종을 발견하고 그림으로 남겼지만 항상 꽃이 다 시들고 난 낮이었다. 미는 브라질 마나우스에서 10시간 동안 배를 타고 히우네그루의 바닷가에 도착해 친구들과 몇 주를 함께 보낼 계획이었다.

며칠 지나지 않아 미는 곧 꽃망울이 터져 꽃을 피울 듯한 식물을 발견하고 다음 날 저녁에 피어날 꽃을 볼 준비를 한 채 오후부터 기다렸다. 땅거미가 뉘엿뉘엿 지면서 미는 꽃잎의 움직임에 주목했다. 그로부터 한 시간도 되지 않아 꽃이 완전히 피며 달콤한 향기를 내뿜었다. 그날 밤에 꽃 세 개가 더 피었다. 미는 보트의 지붕으로 올라가 이 식물과 곧 져버릴 꽃을 그리기 위해 의자에 앉았다. 그리고 꽃이 닫히기 시작하는 새벽까지 그곳에 머물렀고 동이 트자 돌아와 그림의 배경을 완성했다. 이제 미는 식물의 겉모습만 그대로 그리는 것을 넘어 숲속 서식지 안에서 자라는 전체적인 모습을 묘사했는데 바로 그런 점이 미의 그림에 대한 평가를 높였다.

이렇게 해서 리우데자네이루에 돌아왔을 때는 네 개의 꽃이 핀 이 식물을 묘사한 멋진 그림이 완성되었다. 나 역시 운이 좋게도 미가 머물렀던 히우네그루의 작은 오두막을 방문해 밤에 문 플라워가 피는 모습을 목격한 적이 있다.

1988년 영국에서 열린 미의 아마존 식물 그림 전시회와 같은 해 출간된 아마존 일지는 사람들이 그녀의 재능을 더욱 인정하는 계기가 되었다. 영국의 큐 식물원이 미의 작품을 보관할 장소로 제안되었고 결국 제안이 통과되었다. 여기에 더해 젊은 브라질 출신 예술가들이 실력을 갈고닦을 수 있도록 장학금을 제공하는 '마거릿 미 아마존 기금'이 생겼다. 하지만 브라질에서 엄청난 모험을 겪으며 질병을 비롯한 온갖 위험을 헤쳐나갔던 자신의 경력이 정점에 달하던 시점에 영국에서 자동차 사고로 사망하고 말았다.

그 소식을 들은 브라질의 여러 친구와 팬은 미의 유산을 영구히 보존하기 위한 '마거릿 미 식물학 기금'을 설립해 아마존의 숲을 지키려는 젊은이들을 격려하고 이 숲에 서식하는 식물의 아름다움을 대중에게 알리는 노력을 이어가고 있다.

Merian, Maria Sibylla 마리아 지빌라 메리안

메리안[1647~1717]은 독일 출생의 식물 삽화가로 당대만 해도 매우 모험심이 강한 여성이었다. 유명한 삽화가이자 판화가의 친딸이자 나중에는 정물 화가인 야콥 마렐[Jacob Marrel]의 의붓딸이 된 메리안은 평생에 걸쳐 예술의 세계에 몰두했다. 어린 시절부터 메리안은 그림뿐만 아니라 자연, 특히 식물과 곤충에 관심을 보였다. 메리안은 예술적인 재능이 쌓이면서 수채화로 꽃을 그렸고, 그 결과물을 바탕으로 이후 1670년대에 『꽃에 관한 책』이라는 3권짜리 책에 들어갈 판화를 준비했다. 메리안은 식물과 곤충의 관계에 더욱 매혹되었고, 그에 따라 유럽산 나비들의 변태를 묘사한 그림을 그리고 이 주제를 다룬 책 두 권을 더 내놓게 되었다.

그 무렵 메리안은 화가 요한 안드레아스 그라프[Johann Andreas Graff]와의 결혼 생활이 막을 내리면서 두 딸과 함께 네덜란드로 떠났다. 그곳에서 메리안은 수리남을 포함한 네덜란드 해외 식민지의 열대 나비들과 다른 생물들의 표본을 처음으로 마주했다. 메리안은 그 아름다움과 다양성에 매료되었다. 그 결과 암스테르담으로 이사해 영향력이 큰 사람들과 인맥을 쌓은 뒤, 메리안은 남아메리카의 수리남으로 직접 떠날 자금을 지원받기에 이르렀다.

1699년, 당시까지만 해도 고령의 축에 들던 52세의 나이로 메리안은 작은딸 도로테아[Dorothea]와 함께 머나먼 열대 지방을 목적지로 하는 두 달간의 험난한 배 여행을 떠났다. 딸과 함께 수리남에서 보낸 2년 동안 메리안은 곤충의 애벌레와 그 기주식물을 관찰해 그림으로 남겼을 뿐 아니라 그 애벌레들을 키워서 번데기와 성충의 형태까지 기록으로 남겼다. 딸 도로테아도 어머니의 작업을 도왔다. 예술적으로 아름다운 건 물론 그 생태가 알려지지 않은 여러 곤충을 정확하게 묘사한 그림이 그 결과물이었다. 이 그림들은 판화로 제작되어 네덜란드와 라틴어 판본을 통해 먼저 출판되었고, 나중에는 프랑스어 판본인 『수리남 곤충의 변태』가 출간되었다. 이 책은 인기가 있어서 꽤 잘 팔렸다. 그 내용이 과학적으로도 정확하다는 것은 린네가 당시 자신이 알고 있던 4,400여 종의 동물을 기술하고 명명했던 역작 『자연의 체계』를 집필할 때 메리안의 책을 참고했다는 사실만 봐도 알 수 있다. 린네가 묘사한 항목 가운데 일부는 오직 메리안의 책에서만 근거했다.

Mountain laurel (*Kalmia latifolia*) 칼미아

이 진달래과의 관목은 1748년에 페테르 칼름Peter Kalm이 뉴저지에서 발견하고 나중에 린네가 칼름의 이름을 따서 명명한 식물이다. 칼미아는 껍질이 잘 벗겨지는 옹이가 있는 가지에 광택이 나는 짙은 녹색 잎을 가진 상록 관목이다. 흰색과 분홍색이 도는 별난 모양의 꽃봉오리가 많이 생기는 5월 말에서 6월 초에 가장 볼만하다. 단단한 꽃들은 그릇처럼 생겼고 다섯 개의 삼각형 점이 뚜렷하게 나 있다.

칼미아는 영어권에서 '숟가락 나무'라는
일반명으로 불리는 대표적인 조경 식물이다.

하지만 이 종의 꽃은 꽃꿀을 거의 생산하지 못하기에 곤충들에게 인기가 없다. 그래서 이 꽃은 꽃가루 매개자들이 짧은 기간에 자주 들르는 대부분의 다른 꽃보다 더 긴 시간 동안 곤충이 방문할 기회를 열어놓는다. 그 기간은 최대 3주에 이르는데, 고작 며칠 만에 꽃이 피었다가 번식 임무를 완수하고 시들어버리는 꽃들과는 확실히 다르다.

각각의 꽃봉오리에는 열 개의 수술이 있는데 이 수술은 꽃부리(화관)의 중앙 근처에 있는 작은 주머니에 꽃밥을 밀어 넣을 수 있도록 길게 늘어져 있다. 이때 아치형의 수술은 꽃이 필 때까지 팽팽하게 긴장 상태를 계속 유지한다. 꽃을 탐색하러 찾아오는 곤충이 방문한 다음에야 이 팽팽함은 빠르게 사그라든다. 이때 주머니에서 꽃밥이 방출되며 용수철처럼 위로 튀어 올라 공중으로 약 30센티미터 높이까지 꽃가루를 날린다. 이 꽃가루 가운데 일부는 곤충의 몸이나 같은 꽃 또는 인접한 다른 꽃의 암술머리에 앉는다. 즉 꿀벌이 자신을 방문하지 않는 상황이라면 이 종은 혼자서 자가수분도 가능하다.

칼미아는 대표적인 조경 식물로 꽃의 색과 무늬가 다양한 품종이 많이 개발되었다. 반그늘에서 잘 자라며 독성이 있어 뜯어 먹을 식물을 찾아다니는 사슴들로부터 피해를 받지 않는다고 알려졌다. 하지만 내가 관찰한 바로는 삼림지대에서 자생하는 일부 칼미아 종에서 초식동물이 뜯어먹은 뚜렷한 자국이 보였다.

한편 이 식물은 줄기의 지름이 작은 편이라 예전에 북아메리카의 원주민들은 숟가락을 만드는 용도 외에는 그다지 쓸모를 찾지 못했다. 그래서인지 영어권에서는 이 식물을 '숟가락 나무'spoon-wood라는 일반명으로 부른다.

N

조세핀은 매년 결혼기념일마다
남편 나폴레옹에게
향기로운 제비꽃 꽃다발을 받곤 했다.

Napoleon and violets: A love story
나폴레옹과 제비꽃: 사랑 이야기

달콤한 향을 풍기는 제비꽃은 역사에서 주목할 만한 역할을 한 적이 있다. 북아메리카에 자생하는 제비꽃 중에는 좋은 향을 내는 종이 거의 없지만, 유라시아에서 자라는 향기제비꽃*Viola odorata*은 독특하고 기분 좋은 향으로 유명하다.

이 꽃은 나폴레옹 보나파르트Napoleon Bonaparte의 첫 번째 부인인 조제핀Josephine 황후가 가장 좋아하는 꽃이기도 했다. 조제핀은 매년 결혼기념일마다 남편 나폴레옹에게 향기로운 제비꽃 꽃다발을 받곤 했다. 하지만 결혼 생활 13년 동안 조제핀과의 사이에서 후계자를 얻지 못한 나폴레옹은 조제핀과 이혼하고 젊은 마리 루이즈Marie Louise와 재혼했다. 마리 루이즈는 얼마 지나지 않아 나폴레옹의 집권을 단단히 다지는 데 필요한 아들을 낳는 데 성공했다.

1814년에 엘바섬으로 추방당한 나폴레옹은 제비꽃이 피는 봄이 오면 파리로 되돌아가겠다고 다짐했다. 나폴레옹의 추종자들은 그에 대한 충성의 상징으로 제비꽃을 채택했으며, 결국 엘바섬에서 탈출해 1815년 3월에 파리로 진군한 나폴레옹은 제비꽃색의 드레스를 입고 제비꽃 꽃다발을 든 여성들에게 환영 인사를 받았다. 그리고 나폴레옹은 자신이 엘바섬으로 쫓겨난지 얼마 되지 않아 숨을 거둔 조제핀의 마지막 안식처를 방문했고 무덤가에서 제비꽃 몇 송이를 꺾었다.

하지만 그로부터 고작 100일 만에 나폴레옹은 워털루 전투에서 패배했고 이번에는 더욱 외진 세인트헬레나섬으로 다시 추방되었다. 당시 프랑스에서는 나폴레옹의 그림은 물론이고 심지어 제비꽃이나 나폴레옹 정권의 또 다른 상징인 꿀벌 그림을 드러내기만 해도 반역으로 간주되었다.

나폴레옹은 1821년, 유배지인 세인트헬레나섬에서 지내다가 사망했는데 그가 마지막으로 남긴 말은 그의 유일한 사랑이었던 '조제핀'이었다. 사진을 넣어 목에 거는 펜던트에는 조제핀의 머리카락 한 타래와 압착된 제비꽃 몇 송이가 발견되었다.

"꽃은 너무 작고, 우리는 시간이 없다.
그리고 무언가를 제대로 보려면 시간이 걸린다.
마치 친구를 사귀는 데 시간이 걸리는 것처럼."

O'Keeffe, Georgia 조지아 오키프

오키프[1887~1986]는 꽃을 크게 강조해서 그린 회화 작품으로 유명한 미국 출신의 화가다. 그녀는 수채 물감으로 그린 풍경화로 화가 경력을 시작했지만, 머지않아 어린 시절부터 사랑했던 꽃을 그림의 주제로 삼았다.

오키프는 30대 중반에 유명한 사진작가이자 미술상인 앨프리드 스티글리츠[Alfred Stieglitz]와 결혼했고, 그 무렵 그녀는 다른 사람들이 꽃을 이렇게 바라보았으면 하는 자신의 생각대로, 즉 아름다운 꽃을 확대해서 묘사하는 자신만의 고유한 양식을 개발했다. 그리고 주로 수채화가 아닌 유화를 그리기 시작했다. 확대 렌즈로 보듯 꽃의 미세한 부분을 처음 관찰한 사람들은 종종 눈이 확 뜨이는 경험을 한다. 오키프 역시 이런 아름다움을 알고 있었기에 꽃을 크게 확대해서 그린 결과물을 공유하고자 했다.

오키프는 흔한 꽃들과 이국적인 꽃들 모두를 이처럼 양식화해서 감각적으로 묘사한 것으로 유명하다. 특히 칼라 백합[calla lilies]과 그 친척인 미국천남성, 독말풀을 자세히 묘사한 '꽃 초상화'가 가장 유명하다. 오키프는 추상적이지만 그 정체를 인지할 수 있는 방식으로 꽃의 본질을 포착하고자 다양한 색상과 형태를 활용해 같은 꽃을 여러 번 그렸다. 그 누구도 이전에 이런 방식으로 꽃을 그리지 않았으며 오늘날 오키프는 미국의 최초 모더니즘 계열 화가로 인정받고 있다.

오키프는 다음과 같은 말을 남겼다.

"진정으로 꽃을 제대로 보는 사람은 아무도 없다. 꽃은 너무 작고, 우리는 시간이 없다. 그리고 무언가를 제대로 보려면 시간이 걸린다. 마치 친구를 사귀는 데 시간이 걸리는 것처럼. …그래서 나는 혼자 다짐했다. 나는 내가 본 대로, 그러니까 꽃을 내가 어떻게 보았는지 그대로 그릴 것이라고. 다만 나는 꽃을 크게 그릴 것이고, 시간을 들여 그 그림을 본 사람들은 놀랄 것이다. 나는 바쁜 뉴욕 사람들이라도 시간을 들여 내가 바라본 꽃의 모습 그대로 볼 수 있도록 할 것이다."

오키프는 자신이 그린 꽃에 사람들이 주목하도록 하는 데 성공했다. 오키프의 작품은 전 세계에서 손꼽히는 최고의 미술관에 걸려 있으며 경매에서 고가에 거래된다. 뉴멕시코주 산타페에는 오키프의 작품만을 전시하는 조지아 오키프 박물관도 세워졌다.

Obedient plant (*Physostegia virginiana*) 꽃범의꼬리

이 식물은 꿀풀과의 한 구성원으로 정원에서 흔히 자라며 꽃망울이 독특하다. 우리가 정원에서 가꾸는 다년생 식물들은 우리 말을 잘 들을까? 과연 우리가 바라는 시점에 꽃을 피우고, 정해진 경계 안에 머물며, 스스로 가지치기를 할까? 안됐지만 '순종적인 식물'이라는 영어권 일반명을 가진 이 식물마저도 결코 그렇지 않다.

사실 꿀풀과의 이 종은 정원에서 꽤 공격적이어서 뿌리줄기를 통해 마구 증식하기도 한다. 이리저리 밀치는 그대로 자리에 머무르는 것이 '순종'이라고 한다면, 이 식물의 꽃만큼은 순종적이라고할 수 있을지도 모른다. 대부분의 고착성 꽃들과 마찬가지로 꽃범의꼬리 꽃은 이렇게 매만지면 몇 시간까지는 아니어도 몇 분 정도는 새로운 자리에 머무른다. 그건 아마 이 꽃의 짧은 꽃자루와 맞은편 포엽 사이의 마찰 때문일 것이다. 포엽을 제거하면 꽃은 흐느적거리며 처진다.

대부분의 꿀풀과 종들이 그렇듯 꽃범의꼬리는 줄기의 단면이사각형이고 잎이 서로 마주 보고 난다. 키는 90센티미터 넘게 자라며 흰색과 분홍색, 라벤더색을 띤 네 개의 꽃이 소용돌이처럼줄기를 돌며 자라며 25센티미터에서 30센티미터까지 이어지는 수상꽃차례를 갖고 있어 정원사들에게 인기가 있다. 전형적인 여러꿀풀과 종이 그렇듯 꽃범의꼬리 꽃은 두 개의 엽을 가졌으며 위쪽엽은 덮개를 이루고 아래쪽 엽은 세 부분으로 나뉘어 곤충이 방문하도록 착지대를 제공한다. 몸의 크기가 적당하고 주둥이가 꽃의목에 있는 꽃꿀에 닿을 만큼 긴 호박벌이 이 종의 가장 흔한 꽃가루 매개자이지만, 벌새들도 가끔 이 꽃에 들른다. 꽃범의꼬리는 꽃이 늦게 피기 때문에 대부분의 다른 다년생 식물들이 화려한 색을잃은 뒤에도 정원에 색을 더한다.

Orchid bees 난초벌

꿀벌과^{Apidae} 유글로시니족^{Euglossini}에 속하는 종으로 중앙아메리카와 남아메리카에 자생하는 난초와 긴밀하면서도 복잡한 관계를 맺고 있다. 신열대구에 사는 난초 가운데 상당수가 난초벌에 의해 수분되지만, 몇몇은 다른 벌들이나 말벌, 나방과 나비, 파리를 포함하는 다른 꽃가루 매개자들에 의존한다.

난초벌들 역시 난초가 아닌 다른 꽃들도 방문하는데, 이 가운데는 천남성과의 안스리움속^{Anthurium}, 대극과의 달레캄피아속^{Dalechampia}, 가지과의 키포만드라속^{Cyphomandra}이 포함된다. 실제로 나는 운 좋게도 유글로시니족 유프리에세아속^{Eufriesea} 벌들과 프랑스령 기아나의 나무토마토^{Cyphomandra endopogon} 사이 관계를 연구할 기회를 얻었고 토마토류 식물들의 수분에 대한 논문을 발표한 바 있다(이 벌들은 꽃밥을 긁어 꽃가루를 모은다). 하지만 일반적으로는 대부분의 난초벌이 주로 난초를 방문하는 게 사실이다.

유글로시니족의 벌들은 최대 길이가 몸통의 두 배에 이를 정도로 주둥이의 혀가 긴 게 특징이다. 날아다닐 때는 혀를 몸통 아래에 집어넣고 다니기에 마치 긴 산란관이 나부끼는 모습처럼 보인다. 또 이 벌은 몸의 여러 부위가 녹색, 파란색, 보라색, 빨간색, 금색이 조합된 화려한 금속성의 색깔을 띠어서 보는 사람들의 감탄을 자아낸다.

수컷 난초벌들은 난초류와 복잡하게 얽히고설켜 있다. 단순히 꽃꿀이나 꽃가루의 공급원일 뿐 아니라 수컷 벌들에게 암컷을 유혹하기 위한 향을 제공하기 때문이다. 수컷들은 다리에 있는 군용 나이프 같은 도구를 써서 이 향을 수집한다. 벌의 앞다리에는 이들이 꽃의 표면을 긁어낸 이후 꽃의 세포들(발향체)에서 나오는 향을 흡수하는 흡수용 털이 있다. 향은 벌의 가운뎃다리에 있는 이빨 같은 구조에 의해 털에서 빗겨 나오고, 여기서 해면질 재료로 채워진 큼직한 정강이 가장자리에 있는 긴 틈새로 옮겨진다. 이 향은 일반적으로 사람의 코에 기분 좋게 느껴지며 유제놀(정향), 살리실산메틸(가울테리아류), 바닐린(바닐라), 시네올(로즈마리)의 냄새가 나지만 몇몇 유글로시니족의 벌들은 스카톨(대변에서 비롯한!)의 냄새도 매력적이라고 여긴다. 이 화합물을 기름종이에 올려놓으면 난초벌 수컷을 유인해 그 지역에 어떤 종들이 사는지 탐색할 수 있다.

수컷들은 오랜 기간에 걸쳐 복잡한 화학 혼합물을 축적해둔다. 그런 다음 나중에 공동 구애장인 '레크'lek 역할을 하는 특정한 나무 주변에 모여 스스로를 과시할 때 그 향의 혼합물을 공중에 뿌린다. 이때 수컷 벌들은 나무 근처를 왔다 갔다 하면서 큰 소리로 윙윙거린다. 그러면 암컷 난초벌들은 레크에서 벌어지는 활동에 매료되어, 최고의 '향'을 열심히 축적해 자신의 진화적 적응도를 입증한 수컷을 골라 짝짓기 하는 것으로 추정된다.

난초벌을 유혹하는 여러 난초는 벌들이 꽃에 들어갔다 나오는 과정에서 꽃가루주머니에 있는 꽃가루를 운반하도록 하는 방식으로 정교하게 진화했다. 그에 따라 꽃가루는 같은 난초 종의 다른 구성원과만 타가수분을 할 수 있게 적절한 위치에 놓인다. 그중에 좀 별난 방식으로 적응한 종을 꼽자면 암수 꽃이 매우 다르게 생긴 난초인데도 이가화를 피우는 희귀한 카타세툼속^{Catasetum}의 난초다. 카타세툼속 난초 수꽃의 향에 이끌린 수컷 벌은 꽃의 입술 부위에 착지할 때 두 개의 털을 건드리며 몸에 꽃가루를 묻힌다. 이 꽃가루는 벌이 나중에 방문할 카타세툼속 암꽃의 홈에 딱 맞는 완벽한 위치에 있어서 암술머리에 닿는다. 매우 다르게 생긴 두 식물이 같은 종의 두 암수 꽃이라는 사실을 발견하고 이 종의 수분 방식을 알아낸 과학자는 바로 찰스 다윈이었다.

Osmophore 발향체

꽃이나 꽃차례에서 향을 만들어내는 샘 조직을 말한다. 꽃에서 나는 향기는 휘발성 화합물 몇 가지로 이루어진다. 대부분의 꽃들은 기관의 표면 전체에 걸쳐 향기를 발산하지만, 몇몇 꽃은 특정 꽃가루 매개자를 유인하기 위해 독특한 향을 분비하는 발향체라는 별개의 분비샘을 가지고 있다. 방문객을 유인하는 시각적 신호를 숨기고 실험한 결과 후각적인 유인의 효과가 입증되었다.

꽃에서 향을 생성하는 부분들을 분리하는 간단한 방법이 하나 있다. 바로 큰 꽃 하나 또는 여러 개의 작은 꽃에서 꽃잎이나 꽃받침, 씨방 같은 부분을 별개의 통에 넣은 다음 사람들에게 냄새를 맡게 하는 것이다. 그러면 어느 부분이 향을 방출하는지에 대해 공통된 의견을 내놓는다.

꽃에서 향기가 나는 부분을 찾는 또 다른 쉬운 방법은, 손상되지 않은 신선한 꽃을 뉴트럴 레드[32] 수용액에 담그는 것이다. 지정된 시간이 지나면 꽃을 증류수로 세척해 과도한 염료를 제거하고 해부현미경을 통해 관찰하면 휘발성 기름을 분비하는 발향체 부분이 짙은 붉은색으로 염색된다. 또한 이 염료는 발향체에서 쉽게 식별할 수 있는 꽃가루(가끔은 꽃가루 자체가 향의 원천이다)와 꽃의 꿀샘을 덮는 점성이 있는 층pollen-kit을 염색한다. 손상된 식물 조직 역시 붉은색 염료를 흡수하는 휘발성 물질을 방출할 수 있다.

32) Neutral Red: 일반적으로 조직의 미세한 구조를 연구할 때 염료로 사용되는 pH 지시약.

P

1킬로그램의 에센스 오일을 생산하려면
750만 송이가 넘는
꽃이 필요하다.

Partridge-berry (*Mitchella repens*) 미트켈라 레펜스

꼭두서니과에 속하는 작은 상록 식물로 북아메리카 동부의 낙엽수 혼합림에서 지면 가까이 자란다. 멕시코와 과테말라의 산악지대에는 별도로 분리된 이 종의 개체군이 존재한다.

이 종에서 주목할 만한 점은 꽃과 열매가 씨방과 결합해 있다는 것이다. 그래서 미트켈라 레펜스는 관 모양의 하얀 꽃이 항상 한 쌍씩 생긴다. 이 꽃은 비록 작지만 꽤 예쁘며 사람을 기분 좋게 하는 향기가 난다. 호박벌이 이 꽃을 수분하는데, 이 벌은 털이 빽빽하게 나 있는 화관을 통해 기단부의 꽃꿀에 도달하고자 이리저리 탐색한다. 심지어 꽃꿀을 내키는 대로 충분히 마시기 위해 꽃봉오리가 아직 열리지 않은 꽃 속으로 억지로 비집고 들어가는 호박벌들이 관찰된 적도 있다. 하지만 이런 호박벌의 방문은 흔한 일이 아닌 데다 미트켈라 레펜스는 자가수분을 하지 못하기 때문에, 벌이 한 집단의 꽃에서 다른 집단의 꽃으로 꽃가루를 옮겨주어야만 수정이 일어난다.

수정되어 결합된 씨방들은 하나의 붉은 열매로 익어간다. 열매 안에는 작은 꽃받침으로 둘러싸인, 예전에 두 개의 화관이 붙어 있던 움푹 패고 눌린 두 개의 자국이 있어 이 열매가 이중의 꽃에서 기원했다는 사실을 엿볼 수 있다. 한 쌍의 꽃 중 하나만 수분이 일어나 한쪽만 발달한 열매가 맺힐 가능성도 있기는 하지만, 보통은 호박벌이 한 쌍의 꽃을 한 번에 모두 방문하는 만큼 이런 경우

암술대가
긴 꽃

암술대가
짧은 꽃

열매

미트켈라 레펜스의 열매에는 씨방마다
피어난 꽃의 흔적이 남아 있다.

는 드물다.

Passionflower (*Passiflora* spp.) 시계꽃

이 시계꽃과[Passifloraceae] 덩굴식물은 아름다운 꽃으로 유명하며, 어떤 종은 맛 좋은 열매를 맺기도 한다. 시계꽃속의 종들 대부분은 아메리카 대륙의 열대 지방이 원산지인데 일부 종은 미국에도 분포한다. 꽃은 특히 생식을 담당하는 부분이 독특하다. 수꽃과 암꽃이 융합되어 두 기관을 모두 포함하는 양성의 꽃[androgynophore]이 만들어지기 때문이다. 위에 세 개의 암술머리가 달린 씨방은 꽃잎과 꽃받침이 합쳐진 화피 위쪽의 줄기에 고정되어 있고, 수술은 같은 줄기에서 씨방 바로 아래에 바깥쪽으로 아치를 그리며 뻗어 있다. 또한 꽃은 꽃꿀 방의 중심부 입구 가장자리를 두르는 꽃실로 둥글게 장식된다(이 부분을 한꺼번에 부화관[corona]이라고도 부른다).

시계꽃류는 종에 따라 꽃의 크기와 색깔에 큰 차이가 있으며, 그 결과 벌에서 벌새, 박쥐에 이르기까지 다양한 꽃가루 매개자들을 유인한다. 또 이 식물은 시계꽃속의 종들만 먹고 사는 날개가 긴 나비[heliconids]의 가시 돋친 애벌레들의 기주이기도 하다.

영어권 일반명인 passionflower에 등장하는 'passion'은 강렬한 인간의 감정을 뜻하는 것이 아니라 그리스도의 수난을 가리킨다. 16세기에 선교사들이 아메리카 대륙에 도착했을 때, 그들은 원주민들을 기독교로 개종시킬 생각이었다. 그래서 선교사들은 원주

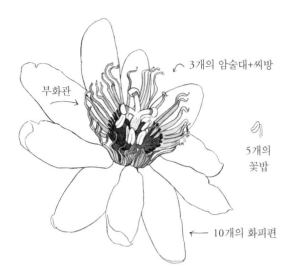

3개의 암술대+씨방

부화관

5개의
꽃밥

10개의 화피편

시계꽃류는 종에 따라 꽃의 크기와 색깔에
큰 차이가 있으며 꽃가루 매개자도 다양하다.

민들에게 그리스도 최후의 날과 십자가 처형에 대한 이야기를 가
르치기 위한 도구로 여러 종의 시계꽃을 이용했다. 당시 선교사들
은 이 식물의 모든 부분에서 상징성을 발견했다. 이야기하는 사람
에 따라 조금씩 말이 다르기는 하지만, 기본적으로 10개의 화피는
배신자 유다와 그리스도를 부정한 베드로를 제외한 10명의 사도
를 상징하며, 부화관의 꽃실은 가시관을 상징하며, 세 개의 암술
대는 그리스도를 십자가에 못 박는 데 사용된 세 개의 못을 상징
하고, 다섯 개의 꽃밥은 그리스도가 이 과정에서 입은 다섯 개의

상처[33]를 상징한다. 여기에 더해 이 식물의 덩굴손은 그리스도가 골고다 언덕으로 십자가를 끌고 가는 동안 휘둘러진 채찍을 상징한다고 하며, 세 개의 엽으로 이뤄진 잎은 채찍을 휘두르는 손을 나타낸다고 이야기하는 사람이 많다.

Perfume 향수

일반적으로 꽃이나 다른 향기로운 성분에서 추출한 에센스 오일로 만들어진 향기로운 액체를 일컫는다. 인류는 수천 년 동안 자신의 체취를 감추고 이성을 유혹하기 위해 향기로운 물질을 사용했다. 클레오파트라^Cleopatra가 로마의 장군 마르쿠스 안토니우스^Marcus Anthonius를 만나고자 튀르키예로 향했을 때 그녀가 탄 바지선의 보라색 돛에서도 향이 풍겼다고 알려져 있다. 식물성의 에센스 오일과 알코올을 혼합하는 기술은 13세기 메소포타미아로 거슬러 올라간다. 그러다가 18세기가 되어 유럽에서도 향수 산업이 자리를 잡았다. 남프랑스에는 향수 산업의 재료인 꽃을 경작하기 위한 목적만으로 꽃밭이 운영되기도 했다.

프랑스 향수 산업의 중심지는 프로방스에 있는 중세 도시 그라스^Grasse다. 하지만 요즈음에는 땅값이 올라가면서 향수 제조업을

---

33) 못으로 생긴 네 개의 상처와 사망을 확인하기 위해 찌른 창에 의한 상처가 그것이다.

위해 꽃을 재배하는 농경지가 줄어들고 그 땅에 콘도나 휴양지가 들어서는 등 농업이 지역 성장에 밀려나는 추세다. 그에 따라 원자재인 꽃의 공급량이 줄어들었고 노동 집약적인 수확 방식 때문에 인건비가 많이 들어 결국 향수의 가격이 더 높아지고 말았다.

전 세계적으로 가장 비싼 향수의 원료로는 프랑스 프로방스 지방에서 재배하는 자스민(주로 스페인자스민 *Jasminum grandiflorum*)과 메이로즈 *Rosa × centifolia*, 그리고 불가리아에서 온 다마스크장미 *Rosa × damascena*처럼 검증된 특정 종들이 손꼽힌다. 꽃을 수확하는 과정은 앞서 말했듯 노동 집약적이다. 자스민 꽃은 이 식물이 향을 풍기는 밤에 손으로 직접 따야 하고 장미는 아침에 꽃이 처음 피자마자 따야 하며, 꽃이 시들거나 발효되기 전인 수확 후 몇 시간 안에 처리 공정을 시작해야 한다. 이 식물들은 전 세계 다른 지역에서도 자랄 수 있지만, 특정한 와인이 그렇듯 어떤 지방의 고유한 기후와 토양이 재료에 둘도 없는 귀중한 본질을 부여한다.

전 세계적으로 가장 유명하고 가장 비싼 향수들 가운데 4분의 3은 장미를 원료로 사용한다. 이들 가운데도 오랫동안 인기를 누리는 상표가 있다. 바로 샤넬 넘버파이브(약 30그램당 340달러)와 조이(30그램당 600달러)다. 조이 향수 약 30그램을 만드는 데 약 장미 280송이와 자스민 꽃 1만 송이(숙련된 일꾼이 하룻밤에 걸쳐 수확할 수 있는 양이다)가 필요하다는 사실을 생각하면 그만큼 비싸다는 것도 어느 정도 납득이 가긴 한다. 1킬로그램의 에센스 오일을 생산하려면 750만 송이가 넘는 꽃이 필요하다. 그래서 상당수의 조향사들은 프랑스보다 인건비가 훨씬 적게 드는 인도, 불가리아, 튀르키예, 모로코 같은 개발도상국에서 재료를 조달하고자 눈을 돌렸고, 오늘날 프랑스에서 생산되는 최고 품질의 순수한 꽃 농축액은 가장 비싼 몇몇 브랜드만이 사용한다.

나는 개인적으로 향수를 잘 뿌리지도 않을뿐더러 특정 꽃을 연상시키는 진짜 꽃향기를 더 좋아한다. 하지만 향수 산업에서 유용할지도 모를 새로운 향을 찾고자 꾸려진 두 번에 걸친 원정에 참가한 이후로, 나는 진짜 꽃향기라 해도 그 향을 강화하거나 안정화하려면 종종 다른 화학물을 첨가해야 한다는 사실을 알게 되었다. 가장 놀라웠던 사실은 향기를 연구하는 과학자들이 내가 맡기에는 확실히 불쾌한 꽃향기에 오히려 흥분한다는 점이었다. 그중한 가지는 땀에 젖은 더러운 양말을 연상하게 했는데 이런 냄새가지나치게 달콤한 향을 중화시키는 중요한 역할을 맡는다고 한다.

Pineapple (*Ananas comosus*) 파인애플

파인애플은 열대 식물의 하나로 하와이나 필리핀, 코스타리카같은 곳에서 날 듯한 이미지이지만 실제로는 브라질의 저지대가원산지다. 파인애플은 파인애플과의 육상 식물로 이 책의 다른 곳에서 설명한 스패니시모스Spanish moss라는 착생식물과 친척이지만서로 몹시 다르다. 브라질 남부에서 유래했을 것이라 여겨지는 이 파인애플은 선사시대부터 중앙아메리카와 남아메리카 전역으로 널리 퍼져 재배되었다. 파인애플속에 대한 학명이기도 하고 전 세계 여러 나라에서 일반명으로도 통용되는 아나나스^{Ananas}라는 단어는 투피족 원주민의 언어로 '훌륭한 과일'을 뜻하는 'nana' 또는 'anana'에서 비롯했다. 또 스페인어권에서는 열매가 솔방울과 닮았다고 해서 'piña'로 불린다.

파인애플과 솔방울은 열매에 나선형으로 배열된 부분이 있다. 두 개의 나선이 서로 맞물려 있는데, 파인애플에서 나선 하나는 보통 한쪽 방향에 8개의 단위로 구성되고 또 다른 나선은 13개의 단위로 구성된다. 8과 13은 모두 피보나치수열[34]의 일부다. 이 나선형 패턴은 해바라기 관상화의 배열부터 동그랗게 말린 양치식물의 일부, 몇몇 식물의 줄기에 달린 잎의 배열에 이르기까지 여러 생물학적 사례에서 나타난다.

파인애플은 사실 엄밀히 따지면 100개가 넘는 작은 베리 모양 열매가 모여 하나의 큰 '과일'을 이루는 집합과다. 야생에서는 세 부분으로 나뉜 보라색 꽃이 주로 벌새나 박쥐에 의해 수분되지만, 재배할 때는 농부가 직접 손으로 수분하기도 한다. 수분된 꽃에서 자라는 씨는 번식을 위해 남겨진다. 한편 재배되는 파인애플은 대

---

34) Fibonacci sequence: 0과 1로 시작해서 앞의 두 수의 합으로 계속 이어지는 수열.

파인애플은 작은 베리 모양 열매가 모여
하나의 큰 '과일'을 이루는 집합과다.

부분 수분 없이 자라기에 씨가 없다. 그래서 나는 브라질 아마조
나스주의 히우네그루 지역을 따라 하얀 모래 해변 뒤편에서 자라
는 야생 파인애플을 발견하고는 무척 기뻤다. 다 익은 야생 파인
애플은 길이가 10센티미터 남짓이었고 안에 작은 갈색 씨가 들어
있기는 했지만 맛이 좋았다.

파인애플은 왕관 모양으로 돋은 잎이라든지 식물 기저부에 있

← 보라색 꽃

씨

야생 파인애플은 길이가 10센티미터 남짓이었고
안에 작은 갈색 씨가 들어 있지만 맛이 좋다.

는 가시가 있는 끈 모양의 기다란 잎 근처에서 자라는 분지(흡지)
를 통해 쉽게 번식할 수 있다. 그래서 먼 거리까지 번식체를 운반
하는 것도 쉽다. 콜럼버스가 신대륙으로 첫 항해를 하기 전부터
파인애플은 서인도 제도에서 널리 재배되었지만, 콜럼버스의 선
원들은 1493년에 아메리카로 떠난 2차 원정길에서야 과들루프섬
에서 자라는 이 식물을 비로소 '발견'했다.

16세기 중반에 포르투갈의 탐험가들은 파인애플을 재배하기 위해 인도에 가져갔다. 이때 단맛과 산도가 다양한 여러 품종이 개발되었다. 한편 유럽의 온대 지방은 파인애플을 야외에서 재배하기에는 기온이 낮았기 때문에 난로로 안을 따뜻하게 덥히는 온실을 만들고 나서야 유럽에서 파인애플이 더 널리 퍼지게 되었다. 하지만 그때도 이 과일은 무척 희귀하고 값비쌌기에 왕족들에게 선물로 제공되곤 했다. 이후 이 과일은 부와 명성이라는 이미지를 얻었고 17세기 후반에서 18세기에 걸쳐 건축이나 가구의 디테일을 장식하는 인기 있는 모티프로 활용되었다. 심지어 오늘날에도 손님에게 파인애플을 내놓는다는 것은 꽤나 후하게 환대한다는 뜻이다.

17세기에는 '레드스패니시'Red Spanish라고 불리는 식용 품종이 스페인 사람들에 의해 라틴아메리카에서 필리핀에 도입되었고, 주로 잎에서 섬유를 얻는 용도로 재배되었다. 이 종의 잎은 거칠고 질기지만, 그 섬유는 질이 좋으며 윤기가 흐르고 속이 다 비치는 아름다운 직물로 만들어진다. 복잡하고 화려한 자수가 이 직물을 장식하곤 했다. 이러한 직물은 필리핀의 상류층 사람들이 입는 전통 복장의 기본적인 옷감이었다.

과일과 섬유를 생산한다는 점을 제외하고 쓸모를 찾자면, 파인애플은 모든 부분에 단백질을 분해하는 효소인 브로멜라인Bromelain이 포함되어 있다. 이 성분은 고기를 연하게 재는 데 쓰이는데, 가끔은 파인애플 가공업자가 보호구 없이 파인애플을 만졌다가 피부가 손상되는 원인이 되기도 한다. 브로멜라인은 단백질을 파괴하고 젤라틴이 굳지 않도록 방지하는 만큼, 젤라틴이 들어간 디저트를 만들 때는 신선한 파인애플을 그대로 사용하지 않는 게 좋다.

파인애플은 전 세계를 통틀어 세 번째로 중요한 열대 과일로 2019년에는 생산량이 약 2,700만 톤을 넘겼다. 하와이는 파인애플을 재배하는 지역으로 알려져 있었지만 경쟁이 가속되고 운송 방법이 바뀐 지금은 더 이상 중요한 생산지가 아니다. 오늘날 파인애플의 주요 수출국은 코스타리카, 필리핀, 브라질, 타이이며, 가장 인기 있는 품종은 '스무드카옌'Smooth Cayenne과 '퀸'Queen이다. 다른 여러 과일과 달리 파인애플은 따고 난 뒤 계속 후숙되지 않는다. 물론 선반에 놓아두면 더 부드럽고 즙이 풍부해질 수는 있지만, 파인애플의 당분은 전부 줄기에 있던 녹말에서 나오는 만큼 과육이 더 달콤해지지는 않는다.

Pink lady-slipper (*Cypripedium acaule*) 핑크 레이디 슬리퍼

큰 주머니 모양의 분홍색 입술을 가진 이 난초는 꽃잎에 벌을 일시적으로 가둔다. 이 종은 북아메리카에서 발견되는 15개의 복주머니난류*Cypripedium* spp. 가운데 가장 유명한 난초로 손꼽힌다. 같은 복주머니난속의 종이 단 하나뿐인 유럽의 난초 애호가들은 북아메리카에 이렇게 이 식물이 많이 자란다는 사실에 부러워한다.

핑크 레이디 슬리퍼는
북아메리카에서 가장 유명한
난초로 손꼽힌다.

　구성원의 수가 2만 2,000종이 넘는 난초과는 전 세계에서 국화
과 다음으로 종의 수가 많은 식물 무리이며, 아직도 외딴 오지에서
새로운 종이 발견되었다는 보고가 이따금 들린다. 난초과 식물은
화려하고 특이한 꽃을 피운다고 알려져 있는데, 그 색깔과 생김새
는 보통 꽃가루 매개자와 공진화를 거친 결과물이다. 난초과는 먼
옛날부터 존재했던 무리로 곤충의 공격에 상대적으로 잘 대응하
는 편이지만 안타깝게도 사슴 같은 초식동물에게는 그렇지 않다.
　이 종은 꽃꿀을 생산하지는 않지만 색과 향으로 방문객들을 유혹하는데, 이는 고객을 기만하는 일종의 허위 광고라 할 수 있다. 이 난초의 입술에 있는 구멍으로 들어갈 만큼 크고 튼튼한 곤충들만이 꽃에 입장할 수 있다. 이러한 조건을 만족시키는 종은 호박벌이다. 하지만 꽃 안에서 꽃꿀이라는 달콤한 보상을 찾지 못한 벌이 떠나려고 해도 꽃잎의 가장자리가 안쪽으로 말려 있기 때문에 들어간 곳으로 다시 빠져나갈 수 없다. 출구를 찾아 나선 벌은 이 식물의 꼭대기에 있는 두 개의 작은 구멍으로 들어오는 빛을 보고 그쪽을 향해 기어간다. 이 구멍들 중 하나로 벌이 몸을 비집고 들어가면, 벌은 난초의 생식 기관과 접촉하게 된다. 그리고 이때 이전에 방문했던 식물의 꽃가루가 벗겨져 암술대에 묻는 동시에, 지금 들른 식물의 꽃가루 덩어리가 등에 묻는다. 열매를 맺는 핑크 레이디 슬리퍼는 해마다 전체의 5퍼센트에 지나지 않기 때문에, 이런 일은 좀더 자주 일어나야 한다.

Plant exploration and introduction
식물 탐사와 도입

새로운 식물을 발견해 다른 장소로 도입하는 과정을 말한다. 선사시대부터 인류는 거주지를 이리저리 옮겨 다니는 과정에서 식량과 약을 제공할 새로운 식물을 계속 찾아다녔을 것이다. 이때 인류는 자신에게 필요한 식물이나 그 식물의 씨앗을 챙겨서 돌아다녔을 가능성이 높다.

하지만 진정한 식물 탐사의 시대가 막을 올린 건 17세기였다. 당시 사람들은 원예, 식품, 의학 분야에서 도움이 될 흥미로운 식물을 찾기 위해 의도적으로 먼 곳까지 탐험했다. 탐험대가 꾸려지면 보통 원예 협회나 묘목장에서 자금을 지원했으며, 돈을 낸 회원들은 이국적인 종의 씨앗이라는 보상을 받았다. 그러면 정원에 취미가 있는 동료들 사이에서 새로운 식물을 최초로 재배한 사람이라는 명성을 얻을 수 있었다.

영국의 박물학자이자 정원사였던 아버지 존 트레이더스캔트^{John Tradescant, 1570~1638}도 탐험가들이 가져온 이런 씨앗을 받은 사람들 가운데 하나였다. 그는 북아메리카의 여러 식물을 유럽에 소개했으며, 이런 식물 가운데 버지니아달개비^{Tradescantia virginiana}라는 보라색 꽃의 학명은 린네에 의해 트레이더스캔트의 이름을 따서 붙여졌다. 아들인 존 트레이더스캔트^{1608~62} 역시 아버지의 식물에 대한 사랑을 물려받아 17세기에 북아메리카 동부 지역을 세 번 여행했고, 낙우송^{Taxodium distichum}, 백합나무^{Liriodendron tulipifera}, 인디언앵초 ^{Dodecatheon meadia}를 비롯한 흥미로운 식물들의 씨앗을 가져와 영국의 자연 풍경에 도입했다.

1700년대와 1800년대는 유럽의 식물 탐험가들이 아메리카, 아시아, 아프리카, 그리고 그 너머에 이르기까지 여기저기를 여행했던 위대한 발견의 시대였다. 이들은 고국의 정원사와 조경가들을 흥분시킬 새로운 종을 찾아 나섰다. 이 탐험가들은 귀중한 식물을 찾기 위해 불편함은 물론이고 질병이나 죽음의 위협 같은 엄청난 고난을 견뎌내곤 했다. 오늘날의 정원과 식물원(그리고 어쩌면 여러분이 집에서 키우는 식물들)은 그들이 거둔 성공의 결과물이라 할 수 있다. 히말라야산맥에서 온 진달래류*Rhododendron* spp.와 히말라야푸른양귀비*Meconopsis betonicifolia*, 중국과 일본에서 들여온 치자나무*Gardenia jasminoides*, 동아시아와 남아시아의 동백나무류*Camellia* spp., 북아메리카 북서부에서 온 몬터레이소나무*Pinus radiata*와 대왕전나무*Abies grandis* 같은 침엽수들을 비롯해 오늘날 우리가 정원과 주위 풍경의 일부로 당연하게 여기는 많은 종은 탐험가들의 노력 덕분이다.

오늘날에도 식물 탐사는 계속되고 있으며, 전 세계 외딴 지역의 많은 식물은 여전히 모험심 강한 식물학자들이 자신을 발견해주기를 기다리고 있다.

Poisonous plants 독초

사람이 먹거나 만졌을 때 몸에 해로운 영향을 끼치는 식물들이다. 우리가 정원에 기꺼이 들이는 수선화*Narcissus* spp., 진달래, 메이애플, 대황*Rheum rhabarbarum*을 비롯한 여러 식물조차 독성이 있다. 다음은 인류 역사를 통틀어 몇몇 저명한 인물의 죽음을 초래한 우리 주변의 흔한 독성 식물들이다.

가장 먼저 떠오르는 독초의 희생자는 철학자 소크라테스다. 그는 기원전 399년에 나도독미나리$^{Conium\ maculatum35)}$라는 식물의 독을 한 잔 마시는 사형을 선고받았다. 이 식물은 산당근과 겉모습이 닮았기 때문에 자연에서 식량을 채집하는 사람들은 그 차이점을 잘 알아두어야 한다.

한편 미국 링컨 대통령의 어머니인 낸시 행크스 링컨의 경우 간접적이고 우연하게 식물의 독에 중독되었다. 링컨 부인은 하얀 꽃을 피우는 국화과 식물 서양등골나물$^{Ageratina\ altissima}$을 뜯어먹은 소의 우유를 마셨다. 부인이 모르는 사이 그 우유는 경련을 유발하는 독소인 트레메톨^{Tremetol}로 오염되어 있었다. 이 '우유로 인한 병'은 19세기 초에 미국에서 흔했고 많은 사람이 이 증세로 목숨을 잃었다.

소는 본능적으로 서양등골나물의 흰 꽃을 먹지 않으려 한다. 하지만 목초지에 소를 지나치게 많이 방목해 풀이 충분하지 않으면 소들은 보이는 식물이 뭐든 뜯어먹을 것이다. 이때 소들은 서양등골나물을 먹고 나서 일주일이 지난 뒤에야 비로소 경련 증상을 보이기 때문에 증상을 보이기 전에 짰던 우유라도 트레메톨을 함유할 수 있다. 다만 오늘날에는 여러 지역에서 생산하는 소의 우유를 모아 판매하는 경우가 흔한 만큼 트레메톨이 조금 들어

---

35) 북아메리카 동부가 원산지인 침엽수 솔송나무와 영어권 일반명 'hem-lock'과 같지만, 이건 산형과(Apiaceae)에 속한 식물이다.

있다 해도 병을 일으키지 않을 정도로 충분히 희석된다.

놀라운 일은 또 있다. 사실 지난 수천 년 동안, 심지어 20세기 초에 많은 사람이 변비를 해소하겠다고 피마자유를 한 숟가락씩 먹었는데 그 기름의 재료인 피마자 씨에는 치명적인 독이 있다. 피마자*Ricinus communis*는 원래 열대 지방에서 다년생으로 자라는 키 큰 초본식물로 온대 지방의 정원에서도 일년생으로 자란다. 이 식물의 여러 갈래로 갈라진 큼직한 잎과 흥미로움을 더하는 가시 돋은 열매는 우리 정원에 극적인 눈요깃거리가 된다.

그뿐만 아니라 베이지색과 갈색을 띤 얼룩덜룩한 씨는 장신구를 만드는 데도 활용될 만큼 꽤나 매력적이다. 이 씨를 통째로 삼키면 씨의 단단한 껍질 덕분에 독성 단백질인 리신이 소화관으로 흘러들지 않겠지만, 만약 씨를 씹어 부순다면 독에 중독될 수 있다. 다만 리신은 기름에 녹지 않기 때문에 피마자 씨에서 추출한 기름은 인체에 무해하다. 게다가 상업적인 목적을 위해 기름을 추출하는 동안 독성을 가진 단백질이 변성되어 인체에 무해하도록 기름이 가열되기도 한다. 이 피마자유는 산업적으로도 활용되고 화장품에도 중요하게 사용된다.

1978년 당시 영국에 살던 불가리아의 반체제 인사 게오르기 마르코프*Georgi Markov*는 개조된 우산으로 쏘아낸 리신이 든 총알에 다리를 맞아 사망했다. 리신이 독극물로 고의적으로 사용되었다는 소식이 사람들에게 화제가 되기도 했다.

그밖에도 식물에서 유래한 독성 물질과 그 독극물로 사람들이 중독된 사례는 수없이 많다. 식물은 자기를 뜯어먹으려는 초식동물로부터 스스로를 보호하고자 오랜 세월에 걸쳐 독성을 진화시켰다. 그러니 낯선 무언가를 사거나 입에 넣기 전에는 그게 무엇인지 정체를 파악하고 조심하는 게 좋다.

Pseudocopulation 의사 교배

벌이나 다른 곤충의 수컷들은 가끔 잘못 보고 꽃과 짝짓기를 시도한다. 그 식물 종이 마치 암컷처럼 보이기 때문이다. 이러한 가장 흔한 사례는 주로 유럽에서 발견되는 난초과의 한 속에서 볼 수 있다. 이 속의 식물은 흔히 꿀벌난초*Ophrys* spp.라고 불리며 암컷의 생김새를 모방해 다양한 종의 꿀벌과 말벌, 파리류의 수컷들이 자기 짝이라고 착각해 꽃으로 이끌리도록 한다. 이 식물의 모방 기술은 크기와 모양, 색깔, 심지어 특정 종에만 나는 냄새에 이르기까지 매우 정교하고 정확하다.

이렇게 암컷을 모방한 꽃과 짝짓기를 시도하는 수컷은 그 과정에서 난초의 꽃가루와 접촉하고, 꽃가루는 수컷 벌의 정확히 알맞은 부위에 묻어 그들이 같은 종의 다른 꽃을 방문할 때, 꽃가루가 꽃의 암술머리에 떨어져 수분을 일으키도록 한다. 이런 성적인 기만은 다른 난초속에서도 드물지 않게 일어난다. 하지만 일반적으로 꽃가루 매개자에게 어떠한 보상도 주어지지 않는다.

꿀벌난초는 암컷 벌이 태어나기 전
순진한 수컷 벌을 유혹한다.

    이러한 의사 교배 시스템이 성공하려면 무엇보다 정확한 타이밍이 중요하다. 수컷 벌이 나타났을 때 난초의 꽃이 적당한 준비를 갖춰야 하기 때문이다.[36] 진짜 암컷 벌이 등장하기 시작하면, 수컷 벌들은 순진했던 첫 만남에서 교훈을 얻었는지 이제는 난초에 쉽게 속지 않는다.

    일단 난초가 수분되면 벌을 유인하는 휘발성 화학물질의 혼합

---

36) 일반적으로 수컷 벌들은 암컷보다 먼저 태어나므로 이들이 처음에 짝을 찾으려 할 때는 같은 종의 암컷을 찾을 수가 없다.

물이 꿀벌이나 다른 곤충들을 내쫓는 향으로 바뀐다. 그러면 이제 수컷 벌은 아직 유혹적인 향기의 화합물을 뿜어내고 있는 꽃을 향해 날아갈 것이다.

Q

앤 여왕의 레이스라는 이름은
작고 하얀 꽃들이 레이스가 달린
흰 깔개처럼 보인다는 의미다.

Qualea Spp. 쿠알레아

신열대구에 자생하는 꽃이 피는 보키시아과^{Vochysiaceae} 나무의 한 속으로 이 꽃은 아름답고 흥미롭다. 보키시아과는 8개의 속과 약 200여 개의 종이 포함된 작은 과로 서아프리카에서 발견되는 2속(하나는 2종, 다른 하나는 1종으로 이루어졌다)을 제외하고는 모두 아메리카 대륙의 열대 지역이 그 원산지다. 쿠알레아속에는 약 50개의 종이 있는데 대부분은 나무이며 그중 상당수는 키가 매우 크다. 이들 나무는 1년에 한 번 이상 수명이 짧은 꽃망울을 터뜨리며 많은 꽃을 피운다.

쿠알레아속의 꽃들은 좌우대칭인 하나의 큰 꽃잎만 가지고 있으며 여기에는 꽃꿀이 있는 장소를 안내하는 반점이 찍혀 있다.

쿠알레아속의 꽃들은 좌우대칭인 하나의 큰 꽃잎만 가지고 있으며 여기에는 꽃꿀이 있는 장소를 안내하는 반점이 찍혀 있곤 한다. 꽃잎은 식물을 찾는 곤충들에게 착지용 발판이 된다(대부분은 꿀벌이지만 기록에 따르면 일부 종은 박각시나방이 꽃가루 매개자 역할을 한다). 이 곤충들은 꽃꿀을 마시거나 꽃가루를 모으기 위해 꽃에 들른다. 꽃에는 보통 튼튼한 꽃실과 세로로 갈라지는 큰 꽃밥, 암술대 하나가 있는데 각각 꽃잎의 반대편에 자리한다.

어떤 나무든 약 50퍼센트의 꽃은 꽃잎의 오른쪽에 수술이 있고 암술대는 왼쪽에 있는 반면, 나머지 50퍼센트는 그 반대다. 그렇기에 꽃을 방문하는 동안 수술과 암술대에 동시에 접촉할 수 있는 적당한 크기의 곤충이 꽃밥에서 꽃가루를 묻혀서 가져가 배열이 반대인 다음 꽃을 방문하면 (같은 종의 같은 식물이든 다른 식물이든) 꽃의 암술대에 그 꽃가루를 묻히게 된다.

Queen Anne's lace *(Daucus carota)* 산당근

위쪽이 납작한 우산 모양이며 흰색의 레이스 같은 꽃차례를 지닌 유라시아의 식물 종이다. 이 종은 북아메리카 출신은 아니지만 길가에서 매우 흔하게 마주칠 수 있는 '잡초'여서 상당수의 사람들은 북아메리카의 토착종으로 생각하곤 한다. 이 종은 꽃차례 아래쪽에 갈라진 긴 포엽이 있어서, 비슷하게 생기고 독성을 품고 있는 여러 친척 식물과는 구별된다. 이 종의 희끗희끗한 곧은 뿌

꽃차례

열매차례

앤 여왕의 레이스는 작고 하얀 꽃들이 레이스가
달린 흰 깔개처럼 보인다는 의미다. 붉은 반점은
피 한 방울이 떨어진 레이스를 연상시킨다.

리는 우리가 재배하는 당근의 조상이라 여겨져서 '야생당근'이라고도 불린다. 그러나 최근의 연구에 따르면 아마 당근과 산당근 사이에는 중간 단계가 더 존재했을 것이다.

호기심을 돋우는 '앤 여왕의 레이스'라는 영어권 일반명은 작고 하얀 꽃들이 레이스가 달린 흰 깔개처럼 보인다는 이유로 붙었다. 꽃차례의 한가운데에 종종 진한 붉은색에서 검은색이 도는 반점(사실 이 반점은 꽃이다)이 있는데 이것은 영국의 앤 여왕1665~1714이 손가락을 바늘에 찔렸을 때 레이스에 떨어진 피 한 방울을 나타낸다고 한다.

이 한가운데의 어두운 꽃들이 하는 역할이 무엇인지는 오랫동안 논쟁의 대상이었다. 몇몇 연구자는 그 꽃이 꽃가루나 꽃꿀을 먹고 사는 다른 작은 곤충들로 보여서 곤충들을 유인하는 데 도움이 된다고 주장하는 반면, 다른 연구자들은 어두운 꽃들이 다른 곤충들의 눈에 포식성 곤충으로 보일 수 있기 때문에 꽃에 방문하는 것을 오히려 억제한다고 말한다. 지금까지의 연구들은 각기 상반된 결과를 보이고 있다.

R

오늘날 우리가 사용하는 약의 약 40퍼센트는 식물로부터 왔다.
식물성 제재를 그대로 사용하는 경우도 있고
그로부터 효과적인 화합물을 합성하는 경우도 있다.

Resupinate 전도형 꽃

난초과의 많은 꽃처럼 꽃이 거꾸로 되어 있는 형태를 말한다. 이런 꽃들은 줄기가 뒤틀려 있어서 꽃봉오리 시절의 위치로부터 위아래로 뒤집힌다. 이 용어는 보통 식물학 분야에서만 사용되며, 꽃뿐만 아니라 잎에도 적용된다. 예컨대 페루백합*Alstroemeria* spp.의 잎은 아래쪽 표면이 위로 올라오도록 뒤틀려 있다.

외떡잎식물의 전형적인 특징을 보이는 난초과의 꽃들은 여러 부위가 세 개로 구성된다. 꽃받침도 세 개이고 꽃잎도 세 개다. 이 꽃잎 중 하나는 보통 크기나 모양, 색깔에서 나머지 꽃잎들과는 현저한 차이를 보인다. 이 꽃잎은 입술 꽃잎 또는 순형 화판이라고 부르는데, 곤충을 유인하는 역할을 한다. 꽃봉오리일 때는 입술 꽃잎이 가장 위쪽에 자리하지만, 대부분의 난초과 종들에서 꽃이 성숙해 열리기 시작하면 꽃을 줄기와 연결하는 작은 꽃자루가 180도 비틀려 결국 다 피어난 꽃의 바닥에 온다. 핑크 레이디 슬리퍼가 이런 전도형 난초과 식물의 좋은 예다. 하지만 이것이 모든 난초 종에 해당되는 특징은 아니다. 꽃봉오리에서 꽃이 필 때 꽃잎의 위치가 변하지 않는 종들은 입술 꽃잎이 여전히 가장 위에 있다. 이런 종을 비전도형 꽃이라고 부르며 난초과에서는 전도형 꽃보다 보기 드물다(예를 들면 그래스핑크*Calopogon tuberosus*가 그렇다).

이렇듯 입술 꽃잎을 더 낮은 위치에 두는 것의 이점이 무엇인지에 대해서는 의견이 분분하다. 어쩌면 이렇게 하면 꽃 위로 날아가는 곤충의 눈에 더 잘 띌지도 모른다. 아니면 좀더 낮게 자리하고 툭 튀어나온 덕분에 햇빛을 더 많이 받아 곤충들에게 꽃꿀의 존재에 대해 더 쉽게 알리거나, 햇볕의 온기를 더 많이 흡수해 꽃잎에서 나오는 향이 더 많이 발산되도록 할지도 모른다. 어쩌면 단지 낮게 자리하면서 꽃가루 매개자들이 좀더 쉽게 접근할 착지대를 제공하려는 이유일 수도 있다. 하지만 비전도형인 난초들 역시 꽃가루 매개자들을 성공적으로 끌어모으는 것을 보면 전도형 꽃만의 이점은 다소 불분명하다.

난초과의 꽃들만 전도형인 것은 아니다. 초롱꽃과^{Campanulaceae}

그래스핑크(비전도형)

난초과에서 비전도형 꽃은 보기 드물다. 전도형 꽃에 어떤 이점이 있는지는 확실하지 않다.

드래곤마우스(전도형)

숫잔대속^{Lobelia}의 식물들(초롱꽃과의 붉은숫잔대$^{Lobelia\ cardinalis}$)과 콩과의 몇몇 종(클리토리아류$^{Clitoria\ spp.}$) 역시 꽃을 뒤틀어 가장 눈에 띄는 부분이 아래쪽으로 향하도록 한다.

Resurrection plant (Ramonda spp.) **부활 식물, 라몬다**

죽은 것처럼 보이지만 물을 뿌리면 다시 살아나 광합성을 하며 자라기 시작하는 식물이다. 이런 몇몇 식물은 메마른 기간을 견디고 비가 오면 '다시 살아나는' 능력 때문에 '부활 식물'이라고 불린다. 그 가운데 비교적 잘 알려진 종으로는 착생성 양치식물인 부활미역고사리$^{Pleopeltis\ polypodioides}$와 포자를 가진 또 다른 종인 부활초$^{Selaginella\ lepidophylla}$가 있다. 꽃이 피는 종들 역시 물 없이 오랜 시간이 지난 이후에 물이 주어지면 원상복구한다.

어느 정도 예상이 가능하겠지만 이런 종들 가운데 일부는 건조한 지역에 서식한다. 파인애플과의 틸란드시아속^{Tillandsia}처럼 나뭇가지나 바위, 심지어는 전화선에서도 자라는 착생식물이어서 잎을 통해 공기 중의 수분을 흡수하거나 소나기가 지나갈 때 물을 머금기도 한다. 이런 종은 오랜 가뭄 동안 탈수 상태로 남아 있는다.

내가 가장 좋아하는 부활 식물은 피레네산맥에서 만난 종이다. 괭이귀과^{Gesneriaceae} 라몬다속에 속한 식물 피레네제비꽃$^{Ramonda\ myconi}$인데, 비슷한 종으로 괭이귀과에서는 실내 화분용 화초인 아프리칸바이올렛*Streptocarpus* sect. *Saintpaulia*이 잘 알려져 있다. 피레네제비꽃의 꽃 역시 아프리칸바이올렛과 마찬가지로 라벤더색과 자주색을 오가는 화려한 색을 띠고 있다. 이 종은 바위틈에서 자라며 희귀하지만 수명이 긴 식물로, 진한 녹색의 잎이 방사상으로 펼쳐져 지면에 낮게 깔려 자란다. 이 식물은 탈수에 견딜 만한 특징적인 구조가 없는 것처럼 보이지만, 2~3년 동안 휴면 상태로 머물면서 섭씨 37도가 넘는 온도에서도 견딜 수 있다.

유럽의 온대 지방에는 괭이귀과 식물이 얼마 없지만 그래도 라몬다속에 속하는 두 종이 살고 있다. 발칸산맥 지역에 자생하는 라몬다세르비카*Ramonda servica*와 라몬다나탈리아이*Ramonda nathaliae*가 있다. 앞서 설명한 피레네제비꽃까지 이 세 종은 모두 빙하기 이전부터 존재했던 유물 같은 종으로 추정된다. 이 라몬다속 식물들은 주로 석회암으로 이루어진 북쪽 사면에서 자란다(라몬다나탈리아이는 토양의 성분에 대해 조금 더 관용적인 편이다). 오늘날에는 이렇듯 가뭄에 강한 식물들이 가진 '가뭄 내성 유전자'의 정체를 밝혀 농작물이 가뭄에 쉽게 죽지 않도록 활용하려는 연구가 진행 중이다.

이들 식물이 보이는 억세고 거친 특성 덕분에 발칸 지역의 이 두 종은 제1차 세계대전 동안 세르비아 사람들에게 용기와 인내를 상징하는 식물이 되었다. 라몬다나탈리아이는 제1차 세계대전 종전 기념일의 공식 상징이기도 하다.

Rosy periwinkle (*Catharanthus roseus*) 일일초

열대와 아열대 지방의 정원에서 관상용으로 널리 재배되는 협죽도과Apocynaceae 식물이다. 분홍색 또는 흰색의 꽃은 열대와 아열대 지역에서 일 년 내내 피며, 온대 지역에서는 일년생으로 재배된다. 이 꽃이 피는 계절이 되면 정원에 예쁜 색을 더할 수 있다. 하지만 이 식물이 전 세계 여러 지역에서 재배되는 이유는 아름다운 꽃보다는 약효 때문이다. 인류가 식물에서 얻은 가장 성공적인 의약품 중 두 가지가 이 식물에서 비롯했다.

일일초를 포함한 협죽도과의 여러 구성원은 사람이 섭취할 경우 목숨을 앗아갈 수도 있는 독소를 지녔다. 하지만 상당수의 독성 물질이 그렇듯 그중 몇몇은 용량을 정확하게 지켜 투여하기만 하면 의학적으로 유용하다는 사실이 입증되었다. 일일초는 약 70가지의 다양한 알칼로이드를 함유하는데 이 가운데 두 가지인 빈블라스틴과 빈크리스틴은 특정 암을 치료하는 데 중요한 돌파구를 제공했다.

중국, 자메이카, 필리핀을 비롯한 전 세계 여러 지역 사람들이 당뇨병 치료제로 일일초를 사용한다는 사실을 알게 된 연구자들은 이 식물이 갖는 화학적 특성을 연구하기에 이르렀다. 제약 회사인 일라이 릴리Eli Lilly는 인도의 일일초속Catharanthus 표본을 연구했지만 당시에는 혈당 수치에 영향을 미치는 화합물을 발견하지 못했다(그런 화합물은 몇 년 뒤에야 발견되었다). 같은 시기에 캐나다

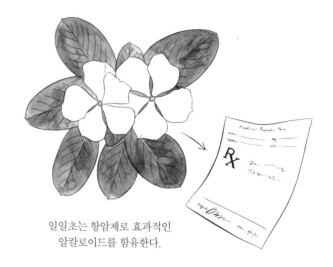

일일초는 항암제로 효과적인
알칼로이드를 함유한다.

에서 독립적으로 연구를 수행하던 과학자 로버트 L. 노블Robert L. Noble은 어느 날 자메이카에 사는 의사 형에게 말린 일일초속 식물의 잎을 받았다. 그의 형은 이 잎이 가진 화학적 성질이 인슐린 수치에 영향을 미칠 수 있는지 조사해달라고 부탁했다.

하지만 유기 화학자인 찰스 비어Charles Beer와 공동으로 연구한 노블은 일라이 릴리사와 마찬가지로 그런 화합물을 발견하지 못했다. 사실 이 식물의 성분으로 치료를 받았던 실험실 쥐들은 전부 죽었다. 하지만 이때 실험실 팀원들은 일일초 추출물에 의해 쥐들의 백혈구가 파괴되었다는 사실을 알아챘다. 노블과 비어는 이를 보고 비정상적인 백혈구가 많이 증식하는 혈액암인 백혈병을 치료하는 데 일일초 추출물이 효과가 있을지 모른다고 추정했다. 두 사람은 일일초속 식물의 화학적 성질을 계속 연구한 끝에 새로운 화합물인 빈블라스틴^{vinblastine}을 발견했고, 이 화합물은 호지킨림프종을 비롯한 몇 가지 암을 치료하는 데 매우 성공적이라는 사실이 밝혀졌다.

3년 뒤에는 어린이 환자의 백혈병 생존율을 10퍼센트에서 90퍼센트로 높인 약인 빈크리스틴^{vincristine}도 발견했다. 하지만 일일초에 함유된 빈블라스틴과 빈크리스틴의 양은 극도로 적어 1회분 투여량의 약제를 생산하기 위해서는 잎이 1톤은 필요했으며 그에 따라 엄청난 양의 식물을 채취해야 했다. 오늘날 일일초는 자생지였던 마다가스카르섬에서 삼림 벌채 때문에 멸종 위기에 놓였지만 다른 지역에서는 널리 자라고 있다.

이러한 성공 사례들 덕분에 과학자들이 의학적인 효과의 가능성을 찾고자 식물계를 탐험하는 일이 급증했다. 오늘날 우리가 사용하는 약의 약 40퍼센트는 식물에서 왔다. 식물성 제재를 그대로 사용하는 경우도 있고 그로부터 효과적인 화합물을 합성하는 경우도 있다. 그동안 여러 중요한 발견이 이루어졌지만, 시간과 비용이 엄청나게 드는 탓에 몇몇 제약 회사는 식물에 대한 연구를 축소하기도 했다. 이러한 비용 때문인지 시중에 출시되는 약들은 종종 엄청나게 비싸다.

나는 국립암연구소에서 식물 채집 프로젝트를 수행하면서, 화학 분석을 위해 수 킬로그램의 잎과 나무껍질, 기타 식물성 재료를 수집하고 햇볕에 말리는(그것도 열대우림에서!) 작업이 얼마나 노동 집약적인지 직접 깨달았다. 당시 우리 팀은 잠재적으로 유익한 의학적 효과가 있다고 알려진 식물 무리만을 대상으로 표본을 채집했지만 안타깝게도 이 탐험을 통해 흥미로운 화학물질을 발견하지는 못했다.

S

린네가 동식물을 가리키는 여러 단어로 된
명명법을 단순화하기 전까지는
식물의 이름을 배우는 것이 훨씬 더 어려웠다.

Saffron (*Crocus sativus*) 사프란

가을에 보라색 꽃을 피우는 크로커스를 재료로 만든 값비싼 향신료다.[37] 이 꽃에서 세 개의 실 같은 불그스름한 오렌지색 암술머리와 여기에 붙은 암술대를 사람이 직접 수확한다. 건조된 향신료 약 450그램을 얻으려면 꽃의 이 부위가 7만 개에서 8만 개는 필요하니 가히 세계 최고의 향신료라 할 만하다. 사프란은 보통 암술대 한두 꼬집이 담긴 작은 봉지로 팔리며 다양한 요리에서 은은한 맛과 색을 내기 위해 특별히 사용된다. 450그램의 쌀에 사프란의 에센스를 첨가하려면 한 꼬집만 준비해 물에 녹이면 된다. 이 사프란은 스페인의 파에야나 이탈리아의 리소토, 프랑스의 부야베스 같은 유럽의 유명한 요리에서 필수적인 향료로 여겨진다. 뿐만 아니라 중동 요리에도 널리 쓰인다.

하지만 분쇄 상태의 사프란을 살 때는 조심해야 한다. 좀더 저렴한 재료인 강황이나 잇꽃, 메리골드 꽃잎 같은 오렌지색을 띠는 다른 허브가 섞이거나 아예 바꿔치기되곤 하기 때문이다. 사프란 무역의 중심지였던 15세기 베네치아에서는 사프란에 불순물이 섞이지 않았는지 상인들이 내놓은 상품을 검사하는 특별 경찰(우피치오 델로 자페라노)까지 있었다. 오늘날에는 국제표준화기구가 품

---

37) '가을 크로커스'라는 일반명을 가진 꽃의 생김새가 비슷한 콜키쿰과의 종(*Colchicum autumnale*)과는 혼동하지 말아야 한다. 이 종은 독성이 있다.

크로커스 꽃마다 세 가닥
자라나는 암술대를 손으로
수확한다.

질 관리를 감독하며 이 작업은 향기의 '지문'을 기록하는 가스 크
로마토그래프 질량분석 기술로 정확하게 수행된다.

한편 사프란을 의료적으로 활용하는 역사는 매우 길어서 고대
이집트 시대까지 거슬러 올라간다. 이 식물의 주요 활성 화합물
은 평균 60퍼센트를 차지하는 사프라날, 크로신, 피크로크로신, 크
로세틴이다. 최근의 연구 결과에 따르면 사프란은 혈액 속 지표
를 크게 변화시키지는 못해도 우울증을 완화하는 데 긍정적인 영
향을 미칠 수 있다고 한다. 또 특정한 종양에 대한 치료 효과가 있
다는 추가적인 연구도 있다. 사프란이 종양과 맞서 싸울 가능성에

대한 연구는 현재 진행형이다.

Saguaro (*Carnegiea gigantea*) 사와로선인장

미국 애리조나주 소노란 사막과 멕시코의 소노라주에 자생하는 기둥 모양의 선인장과^{Cactaceae} 식물이다. 캘리포니아주 남동부와 인접한 지역에도 간혹 이 식물이 보인다. 이 선인장은 그동안 실제 서식지를 한참 넘어서 남서부 지역의 상징으로 사용되었다. 추운 기온은 이 종의 성장을 제한하는 주요 요인이기 때문에 애리조나 북부의 고지대에서는 사와로선인장이 발견되지 않는다.

단 하나의 종으로 이뤄진 카르네기아속^{Carnegiea}의 학명은 뉴욕 식물원의 설립자 중 한 사람이었던 19세기의 사업가이자 자선가 앤드루 카네기$^{Andrew\ Carnegie}$의 이름을 따서 명명되었다. 이 종은 미국에서 가장 큰 선인장이기는 하지만 자라는 속도는 매우 느려서 첫해에는 키가 겨우 2~3밀리미터에 지나지 않는다. 그러니 묘목이 동물의 포식이나 건조한 습도, 낮은 기온에서 살아남는 행운을 누리기 위해서는 '보호자'^{nurse} 식물(다른 종의 작은 나무인 경우가 많다)의 보호가 필요하다. 보호자 식물은 발달 중인 묘목에 그늘을 마련해주어 최고 기온과 최저 기온, 강한 바람으로부터 약간의 피난처를 제공한다. 이러한 보호가 없다면 묘목이 죽을 확률은 거의 100퍼센트다. 그러다 선인장이 자라면서 얕고 넓게 퍼진 뿌리가 보호자 식물의 뿌리와 물을 두고 경쟁하기 시작하면 보호자 식물은 때 이르게 죽어버리는 경우가 많다.

사와로선인장은 다육식물로 주된 줄기와 팔에 물을 저장하는데 빗물이 풍부할 때는 그 지름이 커지는 반면 가뭄 때는 수축해 지름이 작아진다. 얕고 넓게 퍼진 뿌리뿐만 아니라 상대적으로 길어 식물이 안정적으로 서 있는 데 도움을 주는 곧은 뿌리를 통해서도 물이 흡수된다. 물은 꽤 무거운 액체여서 1리터당 약 1킬로그램이나 된다. 물을 충분히 빨아들이고 다 성장한 사와로선인장은 무게가 1,360~2,270킬로그램이나 나갈 수 있으며 물은 그 무게의 85~90퍼센트를 차지한다. 이런 엄청난 무게를 지탱하는 것은 선인장 내부의 목질 골격이다.

강수량에 따라 다르지만 사와로선인장은 1미터 남짓 자라는 데도 20년에서 최대 50년까지 걸린다. 그러다 약 75년에서 100년쯤 되면 옆에 팔이 생길 수 있는데, 줄기의 위쪽에서 생겨나 대부분 하늘을 보며 위쪽으로 구부러진다. 이 선인장은 매우 오래 사는 식물이어서 어떤 것은 수명이 250살에 이른다. 어떤 선인장 개체는 이렇게 장수하는 동안 팔이 40개 넘게 생길 수도 있다. 하지만 어떤 개체는 팔이 자라나지 않고 그저 키가 계속 커질 뿐이다. 가끔은 식물의 꼭대기 부분이 비정상적으로 발달해 맨 위에서 수평으로 퍼지며 자라는 '볏'crest이라는 구조를 형성한다. 이런 현상이 나타나는 원인은 호르몬의 불균형, 유전학적 오류, 감염 등이다.

사와로선인장은 꽃과 열매를 만들어낼 때가 되면 비로소 성숙한 개체로 간주된다. 하지만 이런 일은 식물의 나이가 50~100살이 될 때까지 일어나지 않을 수도 있다. 성숙기가 되면 식물은 성장보다는 번식에 자신의 자원을 집중한다. 이 식물의 꽃은 자좌(선인장과의 일부 종에서만 발견되는 구조)라 불리는 생장점에서 피며, 팔이 더 많아서 좀더 많은 꽃이 핀 선인장이 더 성공적으로 번식한다.

4월에서 6월까지 피는 이 선인장의 흰 꽃은 크고 관 모양이며 밤에 피어나 향기를 내뿜는다. 전부 박쥐가 매력을 느낄 만한 특성이다. 실제로 작은긴코박쥐는 멕시코에서 이 선인장의 중요한 꽃가루 매개자다. 하지만 애리조나주 부근 소노란 사막에 서식하는 작은긴코박쥐는 매년 이동하는 개체 수가 다르고 수분이 필요한 선인장 꽃에 비해 상대적으로 수가 적어 썩 믿음직한 꽃가루 매개자는 아니다. 이 박쥐가 사와로선인장 서식지의 북쪽 인근에는 서식하지 않는다는 문제도 있다. 어쨌든 이 선인장의 꽃은 다음 날 오후까지 계속 피어 낮에도 방문객을 많이 끌어들이도록 꽃꿀을 생산한다. 애리조나주에서는 박쥐보다는 흰날개비둘기와 비토착 꿀벌들이 이 선인장의 가장 중요한 꽃가루 매개자다.

사와로선인장은 100종이 넘는 곤충과 새, 포유류, 파충류의 먹이나 주거지로 이용된다고 기록되어 있는 만큼 꽤 중요한 종이다. 원주민들, 특히 피마족과 파파고족은 선인장 열매로 시럽과 음료를 만들며 죽은 선인장의 목질 조직을 활용해 울타리와 집을 짓는 오랜 전통을 가지고 있다. 이들은 선인장이 죽은 뒤에도 딱따구리 구멍 주변에 형성된 두터운 캘러스[38]로 물을 담을 단단한 그릇을 만든다.

비록 이 선인장 종의 보전 상태에 대해 관심을 기울이는 사람이 많지 않지만, 이 종은 애리조나주 주법의 보호를 받고 있기에 훼손하거나 안을 파헤치는 것은 불법이다. 하지만 몇몇 사람은 법을 무시하고 이 선인장을 쓰러뜨리기 위해 총을 쏘는 '선인장 맞추기'라는 스포츠를 즐긴다. 한 번은 선인장이 이 싸움에서 승리를 거둔 적이 있는데, 그 사건은 오스틴 라운지 리저드라는 밴드의 노래 「사구아로」Saguaro를 통해 박제되었다. 총을 휴대한 사람이 죽은 선인장의 목질 조직을 쏴 선인장을 쓰러뜨리려 하자 선인장의 팔 하나가 뚝 부러졌고 그 사람은 선인장에 깔려서 죽고 말았다는 내용이다. 게다가 팔이 하나 떨어진 결과 선인장은 균형을 잃었고 전체가 그 사람 위로 쿵 쓰러졌다. 인과응보다.

Scientific plant names 식물의 학명

스웨덴의 식물학자 칼 린네는 1753년에 식물에 이름을 붙이는 새로운 시스템을 발표했는데 이 방식은 오늘날까지도 사용되고 있다. 우리는 린네에게 큰 빚을 지고 있는 셈이다. 린네는 기념비

---

38) 식물의 상처 부위를 보호하는 단단한 조직―옮긴이.

적인 저서 『식물의 종』^{Species Plantarum}을 통해 당시 유럽의 식물학자들에게 알려져 있던 모든 식물 종에 이름을 부여했다. 먼저 린네는 각 종에 속과 종을 가리키는 두 개의 이름을 조합해(이것을 이명법^{binominal}이라고 한다) 식물의 이름을 단순하게 표준화했다. 종소명이라고도 불리는 종의 이름은 결코 단독으로 사용되지 않고 항상 속 이름과 함께 등장한다. 이런 이유로 이 방식을 '이명법'이라고 부른다. 여러 특징을 공유하는 종들 각각은 속^{genus}이라고 불리는 더 큰 범주로 묶이며, 다시 비슷한 특징을 공유하는 속들은 과^{family}라는 큰 범주로 묶인다. 오늘날 과 이름은 항상 '~aceae'로 끝나도록 정해졌다. 이 이름은 주로 라틴어에 기초하며, 가끔은 그리스어나 라틴어풍으로 바뀐 다른 언어로도 붙여진다. 이 이명법 학명 뒤에는 처음 종을 발견하고 발표한 식물학자의 이름(또는 표준화된 이름의 약칭)이 붙어 있기도 하다.[39]

식물학자들은 식물 속이나 종의 이름에 그 특징을 나타내는 용어[40] 또는 지역명을 넣기도 한다.[41] 또 그 식물을 처음 채집한 사

---

39) 예컨대 *Matelea graciea* Morillo라는 식물의 이름을 처음 붙이고 특징을 기술한 사람은 Gilbert Morillo다.
40) 예컨대 하나의 꽃잎으로 이뤄진 꽃이라면 그런 의미를 가진 uniflora를 학명에 붙여 *Monotropa uniflora*라고 짓는 식이다.
41) 예컨대 뉴잉글랜드에서 처음 채집된 식물에는 novae-angliae를 붙여 *Symphyotrichum novae-angliae*라고 학명을 지을 수 있다.

람이나 중요한 역할을 했던 사람을 기려 그 이름을 학명에 붙이기도 한다. 예컨대 칼미아의 학명인 *Kalmia latifolia*는 북아메리카에서 새로운 종을 많이 채집했던 린네의 학생인 페르 칼름의 이름을 따서 린네가 붙인 이름이다(*latifolia*는 잎이 넓은 종을 뜻한다). 이런 경우 아무리 자신이 그 식물을 처음 발견했다 해도 학명을 붙이는 입장에서 자기 이름을 넣는 것은 그다지 아름다운 모습이 아니라고 여겨진다. 이명법으로 명명된 학명은 항상 이탤릭체로 표기되고, 속명은 항상 대문자로 시작하는 반면 종명은 아무리 고유명사에 기초했다 하더라도 소문자로만 표기된다. 또 하나의 종은 아종, 변종, 품종 등으로 더 세분화될 수 있다.

식물의 학명은 '국제식물명명규약'이라는 엄격한 규약에 의해 결정되며, 새로운 종에 대한 명명이나 논쟁의 여지가 있는 명명에 대해서는 5년마다 소집되는 국제회의에서 분류학자들이 의논해 정한다. 그리고 식물의 학명(예컨대 *Monotropa uniflora*)이 어떤 저작물에 등장할 때는 그 식물의 전체 학명(속명+종명)이 먼저 언급되었다면 같은 문단 내에서 식물을 다시 언급할 때 보통 속명의 첫글자 뒤에 마침표를 찍는 식으로 축약해서 표기해도 좋다는 관행이 있다(*M. uniflora*로).

많은 사람이 학명 때문에 지레 겁먹고 있지만, 린네가 동식물을 가리키는 여러 단어로 된 명명법을 단순화하기 전까지는 식물의 이름을 배우는 것이 훨씬 더 어려웠다. 팁을 주자면, 라틴어나 그리스어 단어의 어근에 대해 조금 알아두면 식물의 학명을 익히는 과정이 좀더 쉬워진다. 식물학자들은 그 식물의 특징을 이름에 포함시키는 방식으로 의미 있고 기억하기 쉽게 학명을 짓기 때문이다.

Skunk cabbage (*Symplocarpus foetidus*) 앉은부채

5월이면 무성한 초록 잎으로 늪지와 하천 둑을 가득 메우는 천남성과의 초본식물이다. 앉은부채는 습윤한 토양에서 스스로 안정적으로 자리를 잡기 위한 잘 수축하는 긴 뿌리를 발달시켰다. 뿌리는 자랐다가 수축해 식물을 땅속으로 더욱 단단히 당기는 방식으로 늪지에 닻을 내린다.

북아메리카 북동부의 다른 식물들(깽깽이풀, 천남성, 메이애플을 비롯한 60개 이상의 속)이 그렇듯 앉은부채는 동아시아에서 기원했을 가능성이 높다. 동아시아에는 이 속들에 포함되는 다른 종들이 있으며 대개 북아메리카보다 훨씬 더 많은 종이 서식하기 때문이다.

친척인 천남성과 달리 앉은부채는 모든 요소를 갖춘 완전화(같은 꽃에 수꽃과 암꽃의 기관이 둘 다 존재하는 꽃)를 피운다. 공 모양의 육수꽃차례 전체에 아주 작은 꽃들이 있으며, 각 꽃은 이 식물의 꼭대기에서 아래로 순차적으로 핀다. 각 꽃에서는 먼저 암술머리가 꽃가루를 받아들일 준비를 하고, 꽃밥이 갈라져 꽃가루를 떨어

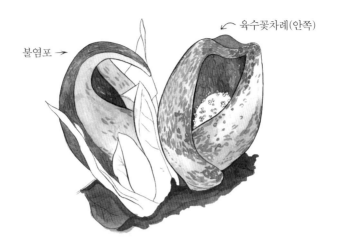

앉은부채의 육수꽃차례는 열기와 악취를 뿜어낸다.

뜨린다. 앉은부채는 자가수분을 하지 못하며, 꽃가루 매개자가 거의 날아다니지 못하는 2월부터 꽃을 피울 수 있어서 열매도 아주 적게 열린다. 물론 드물게 따뜻한 늦겨울날에 파리가 찾아오기도 하고, 꽃가루나 꽃꿀을 찾아 벌집 밖으로 모험을 떠난 꿀벌을 맞기도 하지만 말이다. 이러한 용감한 곤충들이 자신을 방문할 가능성을 높이기 위해 앉은부채는 빠른 호흡을 통해 스스로 열을 발생시킨다. 이렇게 온도가 높아지면 꽃의 향기가 쉽게 휘발되어 퍼진다. 이 열기는 육수꽃차례에서 방출되어 그 주변을 둘러싼 두건 같은 불염포 안에 머무는데, 그에 따라 이 꽃은 곤충들이 다른 꽃으로 날아가기 전에 비행용 근육을 데우는 따뜻한 오두막 역할을 한다. 육수꽃차례는 주변의 온도가 섭씨 2.7도 이상으로 유지되는 한 20도의 온도를 유지할 수 있다. 그 과정에서 드물게 수분이 일어난다.

페르 칼름은 이 식물에 대해 이렇게 말했다.

"냄새가 나는 식물들 중에서도 앉은부채는 단연코 최고로 지독한 냄새를 풍긴다. 그 메스꺼운 냄새가 너무 강해 나는 꽃을 제대로 살펴볼 수도 없었다. 조금 오래 냄새를 맡자 머리가 아파왔다."

앉은부채의 영어권 일반명이 '스컹크 배추'인 데서 알 수 있듯이 이 식물은 스컹크에서나 풍길 법한 독한 냄새가 나는데, 이 냄새는 식물에서 생장과 발육이 일어나는 부분에 있는 화합물 때문이다. 이 부분을 발로 밟아 상처가 생기면 이런 냄새가 난다.

Spanish moss (*Tillandsia usneoides*) 스패니시모스

수염틸란드시아라고도 불리는 이 파인애플과 종은 착생식물로 보통 나무의 가지에 매달린 덩어리의 모습으로 관찰된다. 일반명에 붙은 '스패니시'나 이끼라는 뜻의 '모스'라는 단어가 무색하게도, 이 종은 스페인에서 오지도 않았고 이끼도 아니다. 그저 다른 식물에(주로 다른 나무에서 자라는데 가끔은 전선을 휘감기도 한다) 착생하는 습성을 가진 꽃이 피는 식물이다. 이 식물은 물과 양분을 직접 얻을 수 있는 뿌리가 없기 때문에 흔히 '에어 플랜트'air plant라고 불린다. 물과 미네랄은 잎을 빽빽이 덮고 있는 회색 비늘을 통해 공기로부터 얻는다.

이 종은 아메리카 대륙의 습한 아열대와 열대 지역이 원산지이며, 어떤 식물보다도 서식지의 위도 범위가 다양하다. 스패니시모스는 미국 버지니아주와 캐롤라이나주에서 시작해 걸프 해안의 여러 주(앨라배마, 플로리다, 루이지애나, 미시시피, 텍사스), 아칸소주를 지나 남쪽으로는 멕시코, 중앙아메리카, 남아메리카의 여러 지역을 거쳐 아르헨티나와 칠레의 최북단에 이르는, 장장 약 8,000킬로미터도 넘는 폭넓은 지역에서 자란다. 이처럼 미국 남부에서 흔하게 자라는 스패니시모스는 다양한 나무의 가지에 매달려 기생하는데, 특히 버지니아참나무*Quercus virginiana*나 낙우송*Taxodium distichum*에서 잘 보인다.

종명인*usneoides*는 스패니시모스가 흔히 영어권에서 '노인의 수염'이라 불리는 송라속*Usnea*의 몇몇 지의류와 비슷하게 생겼기 때문에 붙은 이름이다. 지의류는 조류와 균류의 공생 연합인데, 송라속을 포함한 많은 지의류는 공기가 깨끗한 곳에서만 자라기 때문에 대기 오염의 여부를 나타내는 훌륭한 생물학적 지표로 여겨진다. 흥미롭게도 스패니시모스 역시 공기 중의 오염 물질에 민감하게 반응한다.

스패니시모스는 서로 뒤엉킨 채 미국 동남부의 여러 나무를 커튼처럼 휘감는다. 가끔 이 종은 파인애플과의 구성원들이 피우는

나무에 커튼처럼 내걸린
스패니시모스는 녹색
꽃을 피우기도 하지만,
주로 떨어져 나간 일부를
통해 영양 번식을 한다.

꽃의 미니어처를 방불케 하는, 세 부분으로 나뉘는 밝은 녹색 꽃을 피우기도 한다. 바람에 흩날리며 퍼지는 술이 달린 듯한 씨앗은 삭과에서 만들어지지만, 개화 자체가 드물기 때문에 대부분의 번식은 이끼(는 아니지만) 조각이 나뭇가지에서 떨어져 나가거나 새들에 의해 다른 나무로 옮겨지는 과정에서 영양 번식의 형태로 일어난다.

스패니시모스는 곤충, 거미, 박쥐, 몇몇 휘파람새, 그리고 뱀에게 서식지를 제공하기 때문에 생태학적으로 중요한 역할을 한다. 또 매트리스나 자동차 좌석의 속을 채우기도 하고 단열재로 사용하기도 했다. 오늘날 스패니시모스의 주요 용도는 포장재다.

Spiderwort (*Tradescantia* spp.) 자주달개비

캐나다에서 아르헨티나까지 분포하며, 보는 사람의 관점에 따라서 야생화이기도 하고 잡초이기도 한 75종 정도로 구성된 식물속이다. 린네는 15세기에서 16세기의 영국 박물학자 존 트레이더스캔트 부자를 기리기 위해 이 식물의 속명을 *Tradescantia*라고 지었다. 이들은 많은 새로운 식물을 채집해 영국의 정원에 도입했다. 북아메리카 동부를 탐험하다가 이 속의 기준종type species인 버지니아달개비를 처음으로 채집한 사람도 아들 존 트레이더스캔트였다. 버지니아달개비를 포함한 몇몇 종과 버지니아달개비의 혈통이 이어진 다양한 천연 잡종은 파란색에서 보라색의 예쁜 꽃을 피우기 때문에 다년생 식물을 키우는 정원에서 장식용으로 재배된다. 많은 자주달개비류 꽃은 아침에 피었다가 태양이 자신을 비추는 오후가 되면 닫힌다.

하지만 자주달개비류를 다루는 이유가 단지 사람들이 정원에서 즐겨 키우기 때문은 아니다. 1970년대부터 자주달개비류는 방사선량을 측정하는 생물학적 분석 도구로 중요한 역할을 담당했다. 자주달개비속의 특정 종들, 특히 '트라데스칸티아 클론 02'라고 알려진 클론 집단은 낮은 수준의 전리 방사선에 극도로 민감한 수술을 가지고 있다. 이 꽃이 감마선이나 다른 방사선의 원천에 노출되면 수술에 난 털의 세포가(가끔은 꽃잎도) 변형되어 파란색에서 분홍색으로 변색되기 때문에 방사선이 존재한다는 사실을 쉽게 눈으로 알 수 있다.

방사선은 수술 털의 색을 결정하는 유전자에 우발적인 돌연변이를 일으키기에, 유전자에서 원래 지배적인 파란색 대립유전자가 사라지거나 돌연변이가 되고 대신 열성의 분홍색 대립유전자가 발현된다. L.A. 샤이어[Schairer] 등의 연구에 따르면, 이 식물의 꽃봉오리 안에서 발달 중이던 털들은 11일에서 15일 동안 방사능에 지속적으로 노출되었을 때 가장 큰 영향을 받았다. 이때 가장 많은 양의 방사선에 노출된 식물이 가장 많은 분홍색 세포를 가지고 있었다. 그 영향은 21일 뒤에 정점에 도달했고 이후 정체기가 이어졌다.

그 이후로 주로 트라데스칸티아 클론 4430을 이용한 다른 연구들은 자주달개비류가 공기와 물속에서 돌연변이원으로 알려진 화학적 오염 물질을 모니터링하는 데 효과적인 바이오 센서라는 사실을 보여주었다. 자주달개비류의 수술을 활용한 모니터링 시스템은 낮은 수준의 방사선 또는 독성 화학물질의 존재 여부를 현장에서 신속하게 알아낼 수 있는 값싸고 신속하며 효과적인 수단이다. 잘 활용하면 방사능 누출 사고나 화학물질의 노출에 따른 장기

적인 돌연변이 유발을 미연에 방지할 수 있는 조기 경보 시스템을
갖출 수 있을 것이다.

Splash cup dispersal 빗물을 이용한 종자 산포

빗방울을 이용한 독특한 종자 산포 방식으로, 식물이 모체 식물
에서 씨앗을 멀리 퍼뜨리기 위한 여러 가지 방법 중 하나다. 이렇
게 멀리 산포해야 하는 이유는 잘 알려져 있듯 모체에서 일정 거
리 떨어진 곳에서 자라는 묘목은 자기보다 튼튼한 모체와 물과
햇빛 같은 자원을 놓고 경쟁하지 않아도 되기 때문이다. 게다가
다른 곳에서 새로 터전을 꾸리는 게 좀더 유리할 수 있는 데다, 모
체 식물에 영향을 미쳤을 수도 있는 곤충이나 질병을 피할 기회
도 얻을 수 있다.

어떤 씨앗들은 단순히 땅에 떨어진 다음 그곳에서 발견한 자원
으로 자라기 시작하지만, 어떤 씨앗들은 바람이나 물에 의해 때때
로 멀리 실려가 새로운 군락을 꾸리기 시작한다. 동물에 의해 운
반되는 씨앗들도 있다. 열매를 섭취한 새들이 씨를 다른 곳에 배
설하거나, 지나가는 동물들의 털이나 깃털에 씨가 달라붙었다가
나중에 떨어져 나오는 방식이다. 하지만 때로는 개미들이 기름진
엘라이오솜이 함유된 씨앗을 옮기는 사례처럼 씨가 들어 있는 열
매나 씨앗 자체가 모종의 의도가 있는 것처럼 보이는 경우도 있
다. 개미들은 엘라이오솜을 먹은 다음 양분이 풍부한 두엄 더미에

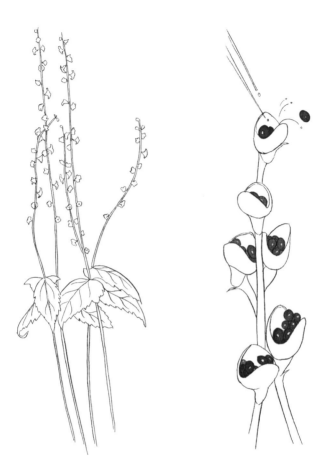

미텔라 디필라의 열매는 보트 모양으로 갈라져
종자를 비바람에 노출시킨다.

남은 씨를 버리곤 한다.

제비꽃이나 물봉선류^{Impatiens} 같은 식물의 삭과는 모체 식물에서 자신의 씨앗을 대포처럼 쏘는 조금 다른 방식을 채택한다. 드물게는 열매가 꼭대기의 경계선을 따라 갈라지기만 하고 빗물이 떨어져 우연히 씨앗을 튕겨낼 때까지 기다리기도 한다. 아름답기로 손꼽히는 꽃을 피우는 숲 바닥에 사는 범의귀과의 식물 미텔라 디필라가 그렇다. 하지만 이 식물은 크기가 작은 터라 눈에 잘 띄지는 않는다. 눈송이처럼 생긴 섬세한 이 꽃의 씨방은 성숙해서 삭과가 되는데, 그러면 열매 꼭대기의 경계선을 따라 갈라지며 보트 모양의 구조를 이루어 밀봉되었던 씨를 비바람에 노출시킨다. 삭과의 열린 틈새에 빗방울이 닿으면 종자의 일부가 튀어나온다. 이동 거리는 종자의 크기와 발사 속도에 따라 다르지만 모체에서 최대 1미터까지 갈 수 있다. 용담류^{Gentiana} spp.이나 개불알풀류^{Veronica}의 일부도 이런 종자 산포 방식을 사용한다.

Squawroot (*Conopholis americana*) 스쿼루트

엽록소와 제대로 된 잎이 없어서 스스로 양분을 생산할 수 없는 독특한 생김새의 열당과^{Orobanchaceae} 식물이다. 스쿼루트는 완전기생생물^{holoparasite}인데 이것은 자신에게 필요한 양분을 기주식물에 전적으로 의존해서 얻는다는 뜻이다. 스쿼루트의 기주는 참나무속^{Quercus}의 구성원이다. 비늘로 덮인 스쿼루트의 두터운 다육

꽃

비늘로 덮인 스쿼루트 줄기는 솔방울을 닮았다.

질의 손가락 모양 줄기는 봄철 중순에 참나무 아래 지면에서 자라 올라오는데, 가을에 갈색으로 변하면 솔방울과 약간 닮았다. 그래서 속명인 *Conopholis*는 그리스어로 '원뿔'을 뜻하는 'conos'와 '비늘'을 뜻하는 'pholis'를 조합해 붙여졌다.

자가수분을 하는 것으로 추측되는 이 기생식물의 관 모양 흰 꽃들은 줄기에서 나와 500여 개의 아주 작은 씨앗이 들어 있는 열매로 발달한다. 씨앗은 자라나는 중인 참나무의 균근 가까이 착지했을 때에만 비로소 발아해 기주의 조직으로 뻗어나간다. 참나무의 뿌리에서 균근을 이루는 균류는 초반에 기주식물에서 물과 양분을 흡수해 기생식물로 옮기는 역할을 한다. 그러다 기주식물의 물관부와 기생식물이 융합된 흡기가 만들어지고 나면, 참나무에서 스쿼루트로 직접 물과 양분이 옮겨진다. 스쿼루트는 이후 6년에서 7년 더 살다가 노쇠한다.

미국 남동부의 스모키산맥에 서식하는 아메리카흑곰이 봄철에 먹는 먹이의 최대 10퍼센트는 스쿼루트의 꽃순이다. 그뿐 아니라 흰꼬리사슴들도 이 순을 먹는데 이런 먹이활동을 통해 이 종자는 먼 거리까지 퍼질 수 있다.

Stinging nettle *(Urtica dioica)* 서양쐐기풀

유라시아가 원산지이지만 지금은 북아메리카를 포함한 전 세계 여러 지역에 널리 퍼진 쐐기풀과^{Urticaceae}의 꽃 피는 식물이다. 이 꽃은 아주 작아서 보통은 눈에 잘 띄지 않으며 잎은 평범하다. 숲길을 걷다 우연히 이 식물의 잎이 몸에 스치기 전까지는 있는지도 모를 것이다. 잎에 닿은 피부에서 즉각적으로 타는 듯한 느낌이 든다.

린네가 라틴어로 '따가움'을 뜻하는 'urtica'를 그대로 이 식물의 속명으로 지은 건 다 그럴 만한 이유가 있었다. 이 따갑고 타는 듯한 느낌은 잎과 줄기에 난 날카롭고 섬세한 털에서 방출되는 화학물질에 대한 반응이다. 이 화학물질에는 포름산(개미가 만들어내기도 한다)과 히스타민이 포함되며, 이 성분이 피부가 붉어지도록 자극하고 따가운 느낌을 준다. 이 반응은 보통 24시간 이내에 조금씩 사그라들지만 처음에는 꽤 아프다. 속이 비어 있고 따가운 서양쐐기풀의 털은 피하주사를 놓는 바늘과 비슷한 역할을 한다. 털이 피부와 접촉하면 끄트머리가 살짝 부러지면서 주삿바늘 같은 털이 실제로 히스타민과 세로토닌을 비롯한 화학물질을 피부에 주입하기 때문이다. 이때 소리쟁이류$^{Rumex spp.}$의 잎이 타는 듯한 통증을 줄이는 민간요법으로 사용된다. 기회가 있어 이 요법을 시도해볼 수가 있었는데 실제로 통증을 완화하는 데 도움이 되었다. 물론 일반적으로는 서양쐐기풀로 인한 따가움을 완화하는 데 히드로코르티손^{hydrocortisone} 크림을 추천하지만 말이다.

이렇듯 부정적인 효과를 일으키는 게 확실하지만 서양쐐기풀은 관절염 치료제로 오랫동안 사용되어온 역사가 있다. 일부 사람들은 쐐기풀이 염증을 줄이고 고통을 완화시킨다고 주장한다. 또 봄에 어린 서양쐐기풀 잎을 딴 다음(꼭 장갑을 꺼야 한다!) 따가움을 일으키지 않도록 살짝 끓인 뒤 기름에 볶으면 봄의 싱싱한 초록색이 돋보이는 요리가 된다. 시금치를 곁들이고 풍미를 끌어올리는 마늘이나 올리브 오일과 함께 먹으면 더 좋다. 이 식물의 또 다른 용도는 그리스의 야채 요리인 호르타^{horta}에 넣는 것이다. 이 요리에 특정 종류의 고다 치즈를 뿌리면 향미를 끌어올릴 수 있다. 이 식물의 잎에는 비타민과 미네랄이 풍부하다.

Sundew (*Drosera* spp.) 끈끈이주걱

잎 가장자리를 따라 늘어선 빨간 촉수 끝의 반짝이는 액체 방울로 곤충을 비롯한 작은 먹잇감을 유인하는 *끈끈이주걱과*[Droseraceae]의 육식성 식물이다. 곤충은 끈적이는 액체 방울 속에 갇혀 탈출하기 위해 발버둥을 치지만 식물의 촉수가 자기 쪽으로 접히는 결과를 불러일으킬 뿐이다. 그렇게 곤충은 점점 더 덫에 깊이 갇혀서 식물의 중심을 향해 이동하게 된다. 아주 짧은 줄기에 달린 분비샘이 끈적한 점액을 분비해 곤충을 뒤덮는데, 아마도 이때 숨구멍이 막히며 곤충이 죽는 것 같다. 이런 포획 메커니즘을 *끈끈이주걱* 덫 방식이라고 한다.

일단 곤충이 포획되면 몇몇 종의 잎은 먹잇감을 둘러싸 식물과 먹잇감 사이의 접촉 표면을 늘리고, 먹이를 분해해 그 양분을 흡수할 수 있도록 잎에서 소화 효소가 더욱 효율적으로 분비되게 촉진한다. 일부 종에서는 촉수와 잎의 움직임이 빠른 생장을 유발하는 호르몬에 의해 조절되기도 한다. *끈끈이주걱*은 광합성을 해서 스스로 양분을 생산할 수 있지만, 제대로 생존하기 위해서는 질산염과 칼륨, 인을 비롯한 다른 미량 무기물이 필요하다. 육식성 식물은 양분이 부족한 젖은 토양이나 물속에 서식하는 경우가 많아 다른 방법을 통해 부족한 양분을 확보하도록 진화했다. 찰스 다윈은 *끈끈이주걱속*을 포함한 육식성 식물을 최초로 연구한 사람 중 한 사람이었다. 하지만 곤충을 '먹은' *끈끈이주걱*이 그렇지

끈끈이주걱의 촉수에 붙잡힌 곤충이 발버둥을 칠수록
더 많은 촉수가 몸을 뒤덮는다.

않은 대조군에 비해 더 많은 꽃과 열매, 씨앗을 만들어 내며, 그렇기에 육식성 식물은 먹이 포획 활동을 통해 이점을 얻는다는 사실을 확실히 증명한 사람은 그의 아들 프랜시스$^{Francis\,Darwin}$였다.

여기에 비해 끈끈이주걱의 꽃들은 간과되곤 한다. 이 꽃은 높은 식물 끄트머리에서 자라며 한 번에 하나씩, 그것도 날이 화창한 몇 시간 동안만 핀다. 끈끈이주걱의 꽃가루 매개자에 대해서는 알려진 바가 거의 없지만, 곤충을 사로잡는 잎과 먼 높은 끄트머리에 꽃을 피워 수분에 필요한 곤충들을 실수로 포획해 잡아먹는 일이 줄어들도록 한다는 가설이 있다. 꽃줄기가 길어 키가 큰 식물은 꽃가루 매개자를 더 많이 끌어들인다.

T

튤립 파동은 최초로 나타난 거품 경제의 사례다.
돈을 미리 투자하고 미래의 튤립에 대해 투기를 벌인
결과였던 만큼, 거품은 결국 터질 운명이었다.

Thigmotaxis 주촉성

의도적이든 우발적이든, 무언가의 접촉에 반응해서 식물이 어떤 방향으로 움직이는 것을 말한다. 움직임은 자극이 주어진 쪽을 향할 수도, 자극과 멀어질 수도 있다. 주촉성 반응은 자극이 놓인 방향에 의해 결정되는데, 예컨대 덩굴식물의 덩굴손은 접촉한 대상을 감고 올라가 버팀대와 더 가까이 붙도록 넝쿨을 끌어당겨 햇빛을 향해 높이 기어오르도록 한다. 반대로 몇몇 접촉 유도 반응은 접촉의 방향과는 독립적으로 일어난다. 미모사$^{Mimosa\ pudica}$의 잎이 접촉에 반응해서 닫히는 것이 그런 예다. 이것을 감촉성 운동^{thigmonasty}이라 일컫는다. 이런 두 반응은 양의 방향으로 움직이는 경우다.

반대로 식물은 자극과는 반대, 즉 음의 방향으로 움직이기도 한다. 예컨대 식물의 뿌리가 흙 속으로 뻗어가며 자라다가 돌 같은 단단한 대상을 만나면, 자라는 방향을 바꿔 장애물로부터 멀어진다. 이러한 움직임이 일어나는 원인은 자극, 식물, 움직임의 유형과 종류에 따라 다르다. 어떤 경우에는 화학적 변화에 의해 팽압이 급격하게 떨어져서 식물이 움직이기도 하는데 미모사가 그렇다. 미모사에서는 자극을 받지 않은 잎까지 이런 변화가 퍼지는데 이는 전기 자극이 전해지기 때문으로 보인다.

한편 접촉 자극을 받은 세포에서 생성되는 식물 호르몬인 옥신^{auxin}이 이런 움직임을 일으키기도 한다. 자극을 받은 세포는 인접한 이웃 세포로 옥신을 전달해 그 세포가 더 빠르게 성장하게 하고, 그에 따라 식물이 자극을 받은 근처에서 구부러지도록 한다.[42] 에틸렌이라는 또 다른 호르몬도 이 과정을 돕는다.

꽃에서 나타나는 감촉성 운동의 가장 흥미로운 사례는 선인장속*Opuntia* spp. 일부 종의 꽃에서 수술이 보이는 움직임이다. 수술이 무언가와 접촉하면, 접촉한 것이 곤충이든(대부분 조금 큰 꿀벌이 효과적인 꽃가루 매개자다) 호기심 많은 구경꾼이든 상관없이 수술은 구부러져서 꽃의 중심을 향한다. 이것은 수술을 움직일 정도로 큼직한 벌들이 꽃의 중심으로 움직이도록 하기 위해서다. 곤충은 꽃의 중심을 향해 나아가 아주 조금의 꽃꿀, 그리고 꽃가루가 풍부한 안쪽 꽃밥과 만나고, 이 과정에서 곤충의 몸에 꽃가루가 잔뜩 묻는다.

이제 벌들은 암술대를 기어올라 암술머리에 올라탔다가 날아간다. 이 과정을 통해 자가수분을 할 수도 있지만 선인장속은 암술머리가 열려서 꽃가루를 받아들일 준비를 갖추기 전에 꽃밥이 이미 성숙하기 때문에, 이 꽃가루는 대부분 같은 식물이 아닌 다른 식물로 옮겨진다. 그리고 암술머리가 이미 수분할 준비를 갖춘 다른 꽃을 만나 타가수분을 일으킨다.

---

42) 버팀대 주변으로 덩굴손을 감아올리는 덩굴식물인 오이(*Cucumis sativus*)가 그런 예다.

Tulipomania 튤립 파동

튤립이 전 세계에서 가장 가치가 높은 상품 중 하나가 되었던 17세기 초반 네덜란드에서 일어났던 일들을 말한다. 튤립은 16세기 중반에 서아시아 여행에서 돌아온 상인들에 의해 네덜란드에 처음 소개되었다. 당시에는 튤립의 구근을 양파로 오인하고 먹었던 사람들도 많았다고 한다.[43] 튤립이 서유럽에서 탐욕의 대상으로 거듭나게 된 것은 명성 높은 프랑스의 식물학자 카롤루스 클루시우스Carolus Clusius 때문이었다. 클루시우스는 빈 황궁의 식물원 감독관이었다가 네덜란드 라이덴대학교에 새로 설치된 식물원을 감독하는 직책을 맡기로 수락했다. 현재의 이스탄불인 콘스탄티노플에 있는 술탄의 정원에 광범위하게 재배되는 튤립을 보고 크게 감탄해 그 식물이 고국에서도 자라기를 바라던 튀르키예 주재 오스트리아 대사가 그 당시 빈에 머물던 클루시우스에게 튤립 구근과 씨앗을 전달했다.

1500년대 후반에 빈을 떠나 라이덴으로 향할 무렵, 클루시우스는 그 구근과 씨앗을 라이덴 정원에 심기 위해 챙겨갔다. 다행히 구근은 잘 자라났지만 구근과 씨앗을 유럽 다른 지역에 사는 지인들에게 보냈을 뿐, 클루시우스는 네덜란드 사람들에게 이 구근을

---

43) 튤립 구근 자체는 먹을 수 있지만, 구근과 잎에는 알레르기 반응을 일으킬 수도 있는 튤리포사이드 A라는 화합물이 들어 있다.

모자이크병에 걸려 줄무늬가 생긴
'깨진 튤립'에 온 유럽이 열광했다.

줄 의향도, 돈 받고 판매할 의향도 없었다. 그 대가로 그는 구근들 중 일부를 정원에서 도둑맞았고, 결국 튤립은 네덜란드 전국으로 퍼져 팔려나갔다.

튤립은 곧 당시 유럽의 금융 중심지였던 암스테르담의 부유한 중산층 사이에서 신분을 상징하는 존재가 되었다. 이들은 콘스탄 티노플에서 온 튤립 구근을 자기 정원에서 키울 수만 있다면 높 은 가격도 기꺼이 지불했다.

1600년대 초가 되며 튤립에 대한 '열광'이 프랑스에서 시작되 었고, 그 뒤로 네덜란드, 영국, 독일까지 퍼져나갔다. 이 광란의 시기 갖고 싶던 구근을 손에 넣기 위해 전 재산을 바치는 사람도 있었다. 그중에서 가장 귀한 튤립은 줄무늬가 있는 것이었으며, 흰색 바탕에 붉은 무늬가 있는 튤립도 인기였다. '깨진 튤립'이라 불리던 이런 튤립은 네덜란드 화가들이 이 시기 동안 그린 정물화에 종종 등장했다. 사실 자연적으로 발생한 이 줄무늬는 모자이크 바이러스에 감염되어 식물이 쇠약해진 결과였지만 당시만 해도 이러한 사실은 알려지지 않았다.

튤립 파동은 최초로 나타난 거품 경제의 사례다. 돈을 미리 투자하고 미래의 튤립에 대해 투기를 벌인 결과였던 만큼, 거품은 결국 터질 운명이었다. 걷잡을 수 없는 투기를 종식시키기 위해 정부가 거래소에서 튤립 거래를 규제하기 시작한 1634년에서 1637년까지, 사람들은 튤립 구근 거래로 막대한 부를 쌓았다. 그러다가 1637년 무렵 구근의 수요가 바닥까지 떨어지자, 공허한 약속이 적힌 서류와 이제 가치가 거의 없어진 수백 개의 구근만이 이들의 손에 남았다. 2008년의 서브프라임 모기지 사태나 닷컴 버블 같은 오늘날의 금융 붕괴와 비슷하게 튤립 거래는 수많은 투자자들에게 파멸적인 결과를 야기하며 빠른 시일 안에 무너졌다. 최근의 연구에 따르면, 튤립 파동 이후 오랫동안 지속된 황폐함과 충격에 대한 이야기는 당시에 저술된 몇몇 책의 과장된 설명에서 비롯했다는 것이 정설이긴 하지만 말이다.

이전의 성공에 기초해 새로운 튤립 품종을 개발하기로 약속한 뒤 투자자들에게 큰 손실을 초래하고 펀드 소유자들에게 사기를 치는 복잡한 계획으로 점점 진화한 '튤립 펀드'를 보면 사람들은 역사로부터 교훈을 얻지 못한 것 같다. 네덜란드에 기반을 둔 이 펀드는 2003년에 무너지고 말았다. 물론 여전히 튤립을 비롯한 식물 구근이 네덜란드 경제의 초석이자 중요한 수출 상품으로 남아 있다는 건 부인할 수 없는 사실이다.

Tulips (*Tulipa* spp.) 튤립

전 세계 온대 지방의 정원에 심을 수 있는, 거의 무한대로 다양한 꽃을 피우는 구근을 가진(거의 6,000개의 품종이 등록되어 있다) 백합과의 한 속이다. 백합과의 다른 종들과 마찬가지로 꽃은 3갈래로 나뉘며 색이 화려한 6개의 화피를 가진다. 일부 꽃에서는 화피의 아래쪽에 어두운 색의 무늬가 있기도 하다. 지구상에 존재하는 야생 튤립 종은 약 76종으로 알려져 있으며, 대부분은 중앙아시아가 원산지인데 유럽 남동부의 발칸 지역이 원산지인 종도 있다.[44]

한편 이전에 동아시아가 원산지라고 여겨졌던 튤립속의 종 가운데 DNA 연구를 통해 이제 가까운 친척인 산자고속*Amana*에 분류된 것들도 있다. 얼레지속*Erythronium*과 함께 이 세 속은 서로 매

---

44) 이런 소수 종 가운데 하나인 툴리파 실베스트리스(*Tulipa sylvestris*)는 스페인, 포르투갈, 북아프리카에 자생했지만 현재는 유럽의 다른 지역에도 살고 있다.

우 가까운 친척이어서 일부 종은 하나의 단일한 속으로 간주할 수 있을지도 모른다.

튤립의 속명 *Tulipa*는 이 식물을 가리키는 페르시아어 단어 'dulband'(튀르키예어로 'türbent'에 해당한다)에서 유래했는데, 이것은 꽃의 모양이 당시 오스만 제국의 남성들이 착용했던 터번과 닮았기 때문이다. 튤립은 16세기 초 오스만 문화에서 매우 중요하게 여겨진 꽃이어서 온갖 문양에 다 등장했고, 국가와 종교적인 상징으로까지 성장했다.

튀르키예에는 특히 18종의 튤립이 있는 것으로 알려져 있는데, 그중 7종만이 이 지역의 자생종이고 나머지는 중앙아시아에서 유입된 구근에서 온 것들이다. 이렇게 유입된 구근은 중앙아시아가 원산지인 야생 튤립 종이 아니었다. 오히려 그것들은 이미 여러 세기에 걸쳐 몇 가지 특성을 갖도록 선택되어 번식한 종이었다. 이렇게 재배된 튤립의 대부분은 툴리파 게스네리아나*Tulipa gesneriana*라는 복잡한 잡종에서 비롯했고 이것이 유럽의 일부 지역에 도입되었다고 알려졌다. 하지만 너무 많이 교배가 일어났고 그 기록이 미비한 데다 다른 지역에 이식되기도 해서 분류 체계를 확실하게 결정짓기는 불가능하다.

육종가들은 그동안 색상과 생김새가 매우 다양한 튤립을 개발했다. 그 결과 튤립은 그 어느 꽃보다도 색상과 생김새가 다양하다. 오늘날의 육종가들, 특히 네덜란드 사람들은 이 인기 있는 꽃이 훨씬 더 다양성을 갖추도록 여러 야생 종들을 활용한다. 튤립 구근은 네덜란드의 중요 수출 상품이어서 2018년에는 21만 5,000유로 이상의 수출액을 달성했다. 그뿐만 아니라 이 나라에서 튤립은 관광 산업의 핵심에 자리한다.

Twinleaf (*Jeffersonia diphylla.*) 디필라깽깽이풀

뉴욕 서부와 온타리오주 남부, 미네소타주 남동부, 조지아주 남서부가 원산지인 매자나무과의 초본식물이다. 'twinleaf'라는 영어권 일반명과 *diphylla*('두 개의 잎을 지닌'이라는 뜻)라는 종소명에서 알 수 있듯 이 식물의 가장 두드러진 특징은 쌍둥이처럼 똑같이 보이는 두 잎이다. 디필라깽깽이풀의 잎은 가운데가 움푹 들어가 있어 마치 두 개의 잎이 거울상으로 나 있는 것처럼 보인다. 디필라깽깽이풀을 제외하면, 깽깽이풀속에는 동아시아에 자생하는 깽깽이풀*Jeffersonia dubia*이라는 종 하나뿐이다.

디필라깽깽이풀은 이른 봄에 피는 야생화로, 처음에는 붉은 자줏빛 잎이 반으로 접혀 돋아나 마치 어딘가에 앉은 나비처럼 보인다. 봄 한 철에만 돋아나는 다른 식물과는 달리, 이 식물의 잎은 늦여름까지 지속되며 9월 무렵 노랗게 시들어 죽을 때까지 계속 자란다. 잎과 달리 섬세한 흰색 꽃은 수명이 매우 짧고 꽃가루 매개자(다양한 종의 벌들)가 날아다닐 가능성이 높은 화창한 날에만 핀다. 그 꽃잎도 불과 며칠 뒤에 떨어지고 수분이 일어난 경우 씨방

디필라깽깽이풀은 이른 봄에 피는 야생화로 두 잎은 쌍둥이처럼 똑같이 보인다.

은 삭과 형태의 열매로 익기 시작한다. 열매는 늦여름에 노란 오렌지색으로 변하고 이때 뚜껑을 열어 적갈색의 씨를 드러내는데, 씨에는 지질이 풍부한 엘라이오솜이 있어서 개미들이 식물로부터 씨앗을 옮긴 다음에 그것을 먹는다.

여러분도 쉽게 짐작하겠지만 *Jeffersonia*라는 속명은 미국의 세 번째 대통령인 토머스 제퍼슨의 이름을 딴 것이다. 제퍼슨은 열성적인 식물 애호가이자 정원 일에 취미가 있었으며 박물학에 대한 관심이 깊었다. 그는 미국 대통령 가운데 자신의 이름을 딴 식물 속명이 있는 두 사람 중 하나다.[45] 18세기 후반 펜실베이니아의 식물학자인 벤저민 바턴Benjamin Barton 박사가 공식적으로 이 식물에 학명을 붙였다. 이 종은 인기 있는 정원 식물이 되었으며, 제퍼슨 대통령이 몬티셀로에 자리한 자신의 넓은 정원에서 직접 재배하기도 했다. 당시의 식물은 현재도 여전히 그 정원에서 자라고 있으며 제퍼슨의 생일인 4월 13일 즈음에 꽃이 핀다.

[45] 대통령의 이름을 딴 또 다른 속명은 위싱턴야자(Washingtonia filifera)가 속한 *Washingtonia*다. 초대 미국 대통령 워싱턴의 이름에서 따왔다.

U

어쩌면 적절한 시기와 장소에서
누군가 운 좋게도
새로운 종을 발견할 수 있을지도 모른다.

Ultraviolet patterns on flowers 꽃의 자외선 무늬

꽃의 화관에서 자외선^{UV}을 흡수하거나 반사하는 부분은 사람의 눈에는 보이지 않지만 상당수의 곤충이 지닌 겹눈으로는 보인다. 곤충의 눈에 띄는 패턴은 이들의 관심을 사로잡아 식물이 의도한 올바른 위치로 착륙하게 한 다음 꽃꿀로 인도하는 가이드 역할을 한다. 전 세계 온대 지역에 사는 식물 가운데 약 33퍼센트가 자외선을 강하게 반사한다.

한편 자외선을 흡수하는 것으로 여겨지는 색소의 주요 성분은 플라보놀^{flavonol}이라 불리는 식물성 화학물질의 한 종류다. 사람의 눈에 노란색으로 보이는 꽃에 이런 화학물질이 있는데, 벌의 눈에는 흰색 바탕 한가운데에 선명하게 붉은 과녁이 있는 것처럼 보이기도 한다. 꽃의 어떤 부분은 자외선을 흡수하는 데 비해 다른 부분은 자외선을 반사해 매우 대조적인 패턴이 보이는 것이다. 어떤 꽃은 이런 '과녁 효과'를 보이는 반면 또 어떤 꽃은 반점이나 줄무늬가 있어 곤충을 꽃꿀의 원천으로 보다 효율적으로 안내한다.

꽃잎 표면의 미세한 구조 또한 해당 부분에서 색이 얼마나 강하게 나타나는지에 기여할 수 있는데, 예컨대 질감이 두드러지는 표면은 자외선을 더 많이 흡수한다. 이러한 표시 중 상당 부분이 꿀벌 또는 다른 곤충을 꽃꿀로 향하게 하는 역할을 한다. 그러나 꽃가루가 주요 보상인 식물 종에서는 수술(또는 꽃밥만이)이 자외선을 흡수해 꽃가루를 찾는 곤충들의 관심을 끈다. 나비류도 자외선 패턴에 반응하는 곤충이다. 이들은 한 장의 꽃잎에 자외선 흡수 패턴이 있는 진달래속의 일부 종에 끌려든다.

한편 이러한 자외선 패턴은 꽃뿐만 아니라 곤충에게 발견되는데, 곤충들이 서로 의사소통을 하거나 포식자들을 속이기 위한 수단일 것으로 추정된다. 이런 패턴은 자외선만을 투과시키는 카메라 렌즈의 특수 필터로 촬영한 사진에 포착되기 때문에 우리는 이것을 통해 벌이 바깥세상을 어떻게 바라보는지 알 수 있다.

Umbel 산형꽃차례

여러 개의 작은 꽃자루가 줄기의 같은 지점에서 길게 뻗어 나오는 꽃차례다. 이 꽃차례는 산형과[Apiaceae](예전에는 Umbelliferae라 불렸다) 식물의 특징이다. 산형꽃차례를 뜻하는 단어 umbel은 '햇빛 가리개, 양산'을 뜻하는 라틴어 'umbella'에서 왔으며, 이 단어는 '그늘'을 뜻하는 'umbra'에 바탕을 두고 있다. 우산을 뜻하는 영어 단어 umbrella 역시 같은 뿌리에서 유래했다. 산형꽃차례가 뒤집힌 우산과 닮았기 때문에 꽤 납득이 가는 흐름이다.

전형적인 산형꽃차례는 여러 꽃자루가 마치 우산의 대처럼 줄기의 같은 지점에서 뻗어 나오는데, 꽃자루의 길이가 제각각이기 때문에 끝에 달린 꽃송이는 거의 편평하거나 둥그스름한 곡선을 이룬다. 흔한 예가 앤 여왕의 레이스라고도 불리는 산당근이다. 이 식물의 꽃차례는 사실 더 정확히 말하면 우산의 꼭짓점에 더 작은 우산이 달린 복합 산형꽃차례다.

산형과에는 우리가 경제적·상업적으로 이용하는 여러 종이 포함된다. 당근*Daucus carota*, 파스닙*Pastinaca sativa*, 파슬리*Petroselinum crispum*, 회향*Foeniculum vulgare*, 캐러웨이*Carum carvi*, 딜*Anethum graveolens*, 아니스 *Pimpinella anisum*가 그렇다. 나도독미나리, 독미나리*Cicuta maculata*처럼 치명적인 독을 품은 종도 있다. 또 아스트란티아류*Astrantia* spp.나 에린기움속*Eryngium* 같은 몇몇 식물은 매혹적인 꽃을 피우기 때문에 정원에서 관상용으로 재배된다.

그밖에 산형꽃차례나 이와 비슷한 꽃차례를 가진 다른 식물 과로 두릅나무과*Araliaceae*, 부추아과*Alliaceae*가 있다.

Underground orchids (*Rhizanthella* spp.) 지하란

희귀하고 독특한 난초과의 한 속으로, 이 속의 구성원들은 이름 그대로 지하에서 전체 생애 주기를 마친다. 지하란속에 속한 네 종은 오직 오스트레일리아에서만 발견되는데, 서로 수천 킬로미터 떨어진 동부와 서부의 지역에 각기 분포한다는 점은 한때 이 식물들이 더 널리 퍼져 있었을지도 모른다는 것을 암시한다. 지하란이 서식 가능한 지역을 자세히 조사했지만 지하란속의 알려진 종들은 단지 4퍼센트 정도 되는 구역에서만 발견됐으며 새로운 종은 더 이상 나오지 않았다.

하지만 어쩌면 적절한 시기와 장소에서 누군가 운 좋게도 새로운 종을 발견할 수 있을지도 모른다. 나 역시 지구 반대편인 프랑스령 기아나에 갔다가 지면 높이에 피는 난초 비슷한 꽃과 마주하고는 내가 그런 운 좋은 사람일지도 모른다고 생각한 적이 있다. 남편이 지붕 모양으로 우거진 숲의 위쪽에서 채집을 마치고 내려오기를 기다리던 중, 나는 열대우림 바닥에서 긴 실 모양의 부속물이 달리고 잎이 세 부분으로 나뉜 작은 꽃을 하나 발견했다. 식물을 들어 올리려고 했지만 뽑히지 않자 나는 흥분하기 시작했다. 최근 『가든』지에 실린 페테르 베른하르트^{Peter Bernhardt}의 글 「어둠의 난초들」을 읽은 후,[46] 이런 지하란이 남아메리카에도 서식할지 모른다는 생각을 하던 차였다.

남편에게 상황을 소리쳐 설명한 나는 그 꽃의 정체를 알아내기 위해 조심스럽게 주변을 파내기 시작했다. 그 식물은 엽록소를 함유하지 않은 채 지하에 서식하며 땅 위로 꽃만 보이는 종이었는데, 내가 생각한 지하란속과는 다른 버어먼초과^{Burmanniaceae}에 속하는 식물로 보였다(지금은 임시로 티스미아과^{Thismiaceae}로 분류된 상태다). 그 식물은 난초는 아니었지만 그래도 새로운 종으로 밝혀졌고 티스미아 사울렌시스^{Thismia saülensis}라는 학명이 붙었다.

엽록소가 없는 산호란속^{Corallorhiza spp.} 같은 다른 난초 종들과 마

---

46) 이 내용은 나중에 베른하르트의 저서 『윌리 제비꽃과 지하란: 식물학자가 받은 계시』에 자세히 기술되었다.

찬가지로 지하란속의 종들은 토양의 균근 곰팡이에 완전히 의존해 질소 같은 영양분을 조달하며, 동시에 공유된 균류 네트워크를 통해 광합성이 가능한 기주식물로부터 자신에게 필요한 탄소를 얻는다.

지면 바로 위에 꽃을 피워 처음에는 다른 속으로 여겨졌던 한 종*Rhizanthella slateri*을 제외하면, 지하란속의 나머지 세 종은 정기적으로 땅속에서만 꽃을 피운다고 알려져 있다. 때로는 땅 바로 아래에 꽃을 피우는 몇몇 기생식물도 있는데, 그러면 지면의 갈라진 틈새를 통해 곤충들이 꽃에 접근할 수 있다. 거의 땅속에만 꽃을 피우는 지하란속의 식물들도 가끔은 그렇다.

그렇다면 어째서 이 식물은 자기 꽃을 보이지 않게 숨길까? 그동안 이 식물이 사람들 앞에 드러난 적이 거의 없었기에 그 생활사를 자세히 관찰할 기회가 제한적이었다. 그만큼 이 식물의 번식에 대해서 알려진 바가 거의 없다. 지하란속 모든 종의 꽃은 국화과의 두상화와 비슷하게 작은 꽃들이 빽빽하게 뭉쳐 있다. 1928년에 한 농부가 자기 밭을 정리하다가 우연히 발견한 첫 번째 종인 서부지하란*Rhizanthella gardneri*은 꽃에 곤충이 방문하는 모습이 가까이에서 관찰된 유일한 종이다. 곤충 방문객들 가운데는 버섯파리류, 꽃가루 덩어리를 운반하는 벼룩파리와 흰개미가 있다. 서부지하란은 흰개미에 의해 수분된다고 알려진 유일한 식물이다.

오늘날 지하란속의 모든 종은 수적으로 희귀할 뿐 아니라, 농경에 따른 서식지 파괴, 종자를 산포시키는 매개체의 감소 같은 여러 이유로 멸종 위기에 처했다고 여겨진다.

Uvularia spp. 우불라리아

북아메리카 동부 삼림에 자생하는 야생화 5종으로 이루어진 콜키쿰과^{Colchicaceae}의 속이다. 노란 꽃이 매달려 있어 흔히 초롱꽃 ^{bellwort47)}이라고 불리는 이 이른 봄의 다년생 식물은 비록 화려하지는 않지만, 나무에 잎이 막 나기 시작하고 숲이 파스텔색으로 물드는 봄꽃 피는 시기에 어울리는 섬세한 아름다움을 품고 있다. 이 속에서 대부분의 종은 생김새가 거의 비슷한데 부드러운 녹색 잎과 옅은 노란색 꽃이 있으며 키는 12~64센티미터에 이른다.

이들 가운데 예외가 있다면 무리를 지어 서식하며 밝은 노란색 꽃을 피우고 화피가 다른 우불라리아속 꽃들보다 크고 뒤틀린 메 리벨*Uvularia grandiflora* 이다. 이 식물의 씨앗은 엘라이오솜을 먹고 사는 개미들에 의해 산포될 뿐만 아니라 이 식물은 땅속의 기는줄기 나 뿌리줄기에 의해서도 번식한다. 이 종을 가장 잘 구별하는 방법은 잎을 살피는 것이다. 메리벨은 아랫면에 털이 있으며 관생엽(줄기가 잎의 기저부를 꿰뚫고 자라는 것처럼 보이는 것)인 밝은 녹색

---

47) 우리가 흔히 생각하는 초롱꽃과(Campanulaceae)의 식물과는 다르다— 옮긴이.

의 잎이 있는 데 비해, 같은 속의 우불라리아 페르폴리아타*Uvularia perfoliata*는 관생엽을 가지기는 해도 잎에 털이 없고 화피 조각이 뒤틀려 있지 않으며 안쪽에 작은 오렌지색 돌기가 있어서 구별하기 쉽다. 또 작은메리벨*Uvularia sessilifolia*의 잎은 잎자루 없이 줄기에서 바로 자라며 좀더 연한 녹색이고, 우불라리아 푸베룰라*Uvularia puberula*의 잎은 다소 칙칙한 녹색 잎을 가진 앞선 두 종보다 잎이 반짝거리며, 우불라리아 플로리다나*Uvularia floridana*는 꽃자루에 작은 잎 모양의 포엽이 달려 있어서 다른 종들과 구별된다.

속명인 *Uvularia*는 '작은 포도'를 뜻하는 라틴어 'ūvula'에서 유래했는데, 이것은 꽃이 아래로 늘어진 모양 때문일 가능성이 크다. 해부학적으로 우리 입의 연구개 뒤쪽에 있는 매달린 구조물인 목젖을 뜻하는 단어 'uvula' 역시 같은 라틴어에서 비롯했다.

큼직한 해바라기는 반 고흐나 프랑스 남부와
관계가 있는 것처럼 보이지만 해바라기라는
종 자체는 사실 북아메리카가 원산지인 식물이다.

Van Gogh, Vincent 빈센트 반 고흐

반 고흐[1853~90]는 르네상스 시대 이후로 가장 영향력 있는 예술가 가운데 한 사람이라 손꼽히는 19세기 네덜란드의 화가다. 비록 자신의 작품이 그토록 높은 평가를 받는 모습을 지켜볼 만큼 오래 살지는 못했지만, 대담한 후기 인상주의 기법으로 그려진 반 고흐의 작품은 세계적으로 인정받고 있다. 사실 그는 생전에 자기가 그린 그림 가운데 단 한 점만 팔았다.

반 고흐는 미술상, 교사, 프로테스탄트 선교사로서 성공적이지 못한 경력을 쌓다가 20대 후반에 들어서야 미술을 시작했다. 그가 초기에 그린 그림은 당대 네덜란드 미술계의 우울한 색조와 주제들이 반영된 몹시 사실적인 정물화와 풍경화가 주를 이뤘다. 그러다 1886년에 파리로 이사하고 나서야 그의 작품은 두텁게 칠한 붓자국 위에 밝은색을 덧입히며 진화하기 시작했다.

이 변화는 반 고흐가 프랑스 남부의 아를로 이사했을 때 절정에 달했다. 그곳에서 머무는 1년이 조금 넘는 짧은 기간 동안 그는 홀린 것처럼 그림을 그렸고, 정신 질환이 생활에 영향을 미칠 정도로 심해져 보호 시설에 보내지기 전까지 200점 넘는 유화뿐만 아니라 여러 점의 수채화와 스케치까지 그렸다. 가장 유명한 작품으로 꼽히는「별이 빛나는 밤」을 완성했던 것도 이 시기였다. 이 그림은 가수 돈 매클레인[Don McLean]이 1971년에「빈센트」(별이 빛나는 밤)라는 곡을 부르며 유명해졌고, 원래 반 고흐의 예술에 관심이 없었던 사람들까지도 그에게 관심을 갖기에 이르렀다.

하지만 아마도 가장 잘 알려진 반 고흐의 작품은 해바라기 그림일 것이다. 아를에서 보내는 첫 번째 여름 동안 반 고흐는 남동생 테오에게 보낸 편지에서 "해바라기는 내 꽃이다"라고 말하면서 해바라기라는 대상을 '자기의 것'으로 인식하는 모습을 보였다. 비록 남동생과 함께 파리에 살았던 때에도 해바라기를 그리기는 했지만, 아를에서 반 고흐가 그린 해바라기는 색이 더 밝고 대담해 예전의 그림에서 부족했던 역동성을 드러냈다. 화려한 '꽃잎'[48]과 소용돌이치는 한가운데의 관상화가 갖춘 거대하고 활기찬 원반 모양의 이 꽃이 반 고흐 같은 화가로 하여금 대담한 붓 놀림과 생생한 색깔로 자연의 아름다움을 그리도록 영감을 주었다는 걸 쉽게 짐작할 수 있다.

이렇듯 큼직한 해바라기가 반 고흐, 그리고 프랑스 남부와 관계가 있는 것처럼 보이지만 해바라기라는 종 자체는 사실 북아메리카가 원산지인 식물이다. 아마도 초기 스페인 탐험가 프란시스코 피사로Francisco Pizarro가 1532년에 처음으로 이 식물을 발견했을 것이다.

반 고흐가 37세의 나이에 비극적으로 자살을 한 뒤 장례식장의 관 주변에는 그가 그린 캔버스 그림들이 걸렸다. 그리고 친구들은

48) 사실은 설상화다. '관상화와 설상화' 항목 참조.

반 고흐가 예전부터 오랫동안 해바라기를 좋아했으며 밝은 빛이나 사랑과 연결시켰다는 사실을 알았기에, 그 주변을 다시 해바라기 꽃다발로 둘러쌌다. 반 고흐는 인근 공동묘지에 묻혔고 그의 무덤은 친구이자 동료 화가였던 폴 가셰Paul-Ferdinand Gachet 박사와 아들 폴 주니어Paul-Louis Gachet가 돌보았다. 폴 주니어는 1950년대까지 매년 봄마다 해바라기 씨앗을 무덤가에 심었다고 한다.

Victoria amazonica (*Victoria amazonica*)
아마존빅토리아수련

느리게 흐르는 남아메리카 아마존강 유역의 강물과 석호에서 자생하는 수련과Nymphaeaceae의 한 구성원이다. 1800년대 초반에 이 식물을 처음 접한 유럽 탐험가들은 그 엄청난 크기에 놀라움을 금치 못했다. 처음에는 빅토리아 여왕을 기리고자 '빅토리아 레기아'*Victoria regia*라는 학명이 붙었지만, 나중에 이 식물이 이미 다른 속으로 분류되어 '에우리알레 아마조니카'*Euryale amazonica*라고 불리고 있다는 사실이 밝혀졌다.

그러나 이후 이 식물이 *Victoria*라는 새로운 속으로 분류될 만큼 원래 분류된 속의 구성원들과 다르다는 결론이 내려졌고, 식물명명법의 규칙에 따라 맨 처음 붙었던 종명인 *amazonica*를 *regia* 대신 사용해야 했다. 그 결과 이제 이 식물의 정식 명칭은 *Victoria amazonica*가 되었다. 빅토리아속에는 이 식물 외에 단 하나의 다른

이 책 저자의 친구

최대 지름 3미터에 달하는 아마존빅토리아수련의 잎은
앞면을 제외하고 날카로운 가시로 뒤덮여 있다.

종이 있는데, 좀더 작고 추위를 잘 견디는 크루지아나빅토리아수
련*Victoria cruziana*이다.[49] 두 종 사이의 잡종은 온대 지방의 식물원에
자주 전시되며 한 계절에만 씨앗에서 식물이 자란다.

아마존빅토리아수련의 잎은 지름이 최대 3미터에 이를 정도로
거대한데, 이 잎은 강바닥의 덩이줄기에서 모습을 드러내며 강물

49) 2022년 큐 식물원은 '볼리비아나빅토리아수련'(*Victoria boliviana*)이
라는 새로운 종을 식별했다. 따라서 이제 빅토리아속의 식물은 총 세 종
이다―옮긴이.

의 수위가 높아지면 두터운 잎자루는 7~8미터까지도 계속 자랄 수 있다. 이 식물은 잎의 꼭대기와 꽃을 제외하고는 날카로운 가시로 뒤덮였는데 이 가시가 매너티 같은 수생동물이 식물을 먹지 못하도록 막는다. 잎 표면은 한가운데에서 방사형으로 뻗어가는, 기포로 가득 찬 단단한 엽맥에 의해 지지된다. 엽맥은 사다리처럼 가로지르는 가로맥에 의해 연결되어 있어서, 무게가 균등하게 분배될 경우 얇은 잎이 작은 아이의 체중쯤 되는 상당한 무게도 지탱할 수 있다.

이런 지지 시스템은 영국의 정원사 조지프 팩스턴Joseph Paxton이 수정궁의 유리 온실을 설계할 때 영감을 주었다. 강철로 만든 얇은 뼈대와 나무로 만든 가로대가 넓은 면적의 유리를 지탱하는 거대하고 가벼운 이 건축물은 오늘날 어느 식물원에서든 볼 수 있는 구조물의 원형이다.

이 식물은 꽃도 똑같이 인상적이다. 가로 길이가 최대 30센티미터에 달하며, 주변 기온보다 11도는 더 따뜻한 열기와 파인애플과 비슷하게 강한 향을 풍겨 꽃가루 매개자(주로 커다란 풍뎅이류)를 유혹한다. 풍뎅이들은 주로 향기로 꽃을 찾지만 꽃의 모습을 보고 시각적으로 찾아내기도 한다. 꽃이 등장한 첫날 밤부터 피는 꽃잎이 순백색이기 때문이다. 풍뎅이는 꽃의 기단부에 있는 먹이를 찾는데, 꽃의 암술을 포함하는 뭉툭한 부속기관의 텅 빈 공간 안쪽 면에 녹말과 당분이 풍부해서 이것을 먹는다. 그렇게 풍뎅이는 먹이 보상과 짝짓기 기회가 주어진다는 이유로 그곳에 입장해 하룻밤 내내 하나의 꽃에서 지낸다. 그들은 밤이 지나며 꽃이 닫히기 시작하는 낌새를 알아채지 못하고 이후 낮이 되면 그 안에 갇히곤 한다.

오후 늦게 꽃이 다시 열리지만 이제 꽃은 짙은 자홍색으로 변해서 향기가 나지 않는다. 해 질 녘에 안쪽 헛수술이 다시 열리면서 풍뎅이를 감옥에서 풀어주고, 꽃밥이 갈라져 꽃가루를 방출한다. 풍뎅이는 재빨리 안쪽 방에서 빠져나와 몸에 묻은 꽃가루를 털어내고 오늘 밤 새로 핀 근처 꽃의 향기에 이끌려 날아간다. 그리고 다시 새로운 꽃의 중심부로 들어가 꽃가루를 받아들일 준비가 된 암술머리에 꽃가루를 운반한다. 이 덫 시스템은 공진화의 좋은 예다. 꽃은 풍뎅이에 의해 타가수분되고 풍뎅이는 꽃에 의존해 먹이를 얻는다.

W

"전 세계 정원사들은 그 어느 지역보다도
중국에 가장 큰 빚을 지고 있다.
그곳은 꽃의 왕국이다."

Wilson, Ernest Henry 어니스트 헨리 윌슨

윌슨[1876~1930]은 20세기 초에 많은 식물을 수집한 식물 사냥꾼으로, 유럽과 미국의 정원을 개선하고자 주로 중국에서 1,000종 이상을 수집하는 공을 세웠다. 처음 이 일에 뛰어들 무렵 윌슨은 식물학 공부를 막 끝마치고 교사 경력을 시작하려던 참이었는데, 어쩌다 보니 100년 된 원예 회사인 베이치의 묘목장에서 일할 식물 수집가로 간택되었다. 베이치는 이미 존재했던 식물 표본을 통해 알려져 있던 식물의 씨앗을 확보하려는 명백한 목적으로 윌슨을 중국에 파견했다. 윌슨은 그 식물을 가져가 고향의 온대 정원에 심으면 인기를 누릴 것이라 생각했다. 그 식물은 바로 손수건나무 *Davidia involucrata*였다. 전염병인 페스트를 포함한 숱한 고난이 그가 중국 본토에 상륙하지 못하도록 가로막았지만 마침내 그는 홍콩에 도착해 그 나무를 마주할 수 있었다.

윌슨은 그 나무가 "북반구 온대 지역 식물상에 존재하는 모든 나무 가운데 가장 흥미롭고 아름다운" 데다 흰색의 포엽이 "마치 커다란 나비가 나무 사이를 맴도는 듯하다"라고 감탄했다. 윌슨은 이 나무의 종자를 대량으로 얻는 원래의 임무를 달성했을 뿐 아니라 서양의 정원에 도입될 수백 종의 다른 표본들을 가지고 영국에 돌아왔다.

2년에 걸친 윌슨의 여정은 고되고 위험했지만 그의 삶과 커리어를 완전히 바꾸었다. 베이치는 윌슨의 성과에 만족했고 그는 이

손수건나무의 흰색
포엽은 커다란 나비가
나무 사이를
맴도는 것 같다.

회사의 전임 식물 탐험가가 되어 1년 뒤 중국으로 또 한 번 여행을 떠났다. 양쯔강에서 거센 물살을 맞으며 배를 타고 항해하다가 (그의 일행 중 누군가가 말했듯) 죽을 고비를 아슬아슬하게 넘긴 윌슨은 티베트와의 접경 지역인 높은 산에서 자신의 목표였던 노란양귀비*Meconopsis integrifolia*를 발견했다. 그는 여기서 멈추지 않고 계속해서 여러 흥미로운 종들을 속속 발견했으며 그중 레갈레나리*Lilium regale*를 포함한 500종 넘는 식물의 씨앗이나 구근을 고향에 가져왔다. 이 식물들은 매우 인기가 많아 이후 서양인들에게는 구근을 수집하는 것이 동양 탐험을 떠날 하나의 원동력이 될 정도였다.

흥미로운 식물을 발견하고 수집하는 탁월한 능력 덕에 윌슨은 보스턴에 자리한 아널드 수목원의 책임자인 찰스 서전트Charles Sargent의 관심을 끌었다. 서전트는 윌슨을 설득해 아널드 수목원의 식물 수집가로 일하도록 했고, 원예적으로 흥미가 있는 목본식물을 찾고자 그를 중국에 또 파견했다. 하지만 북아메리카를 횡단하는 도중 발생한 기차 충돌 사고, 말라리아 감염, 수집했던 1만 8,000여 개의 백합 구근이 썩어 상당수를 잃어야 했던 경험 등 다시 한번 위험천만한 여정이 뒤따랐다. 그럼에도 윌슨은 여러 매력적인 식물 표본들을 가지고 돌아왔는데 그중 가장 주목할 만한 것은 오늘날 북반구 전역의 온대 정원에서 인기를 누리는 중국산딸나무Cornus kousa var. chinensis다.

영국으로 돌아온 이후 윌슨은 자신이 수집한 표본을 연구할 수 있도록 가족과 함께 미국 보스턴으로 이사했다. 윌슨은 보스턴 현지의 숭배자들에게 '중국인 윌슨'이라는 별명으로 불릴 정도로 명성을 얻었다. 그래도 윌슨은 여기서 그치지 않고 레갈레나리의 구근과 침엽수의 종자를 더 많이 수집하기 위해 네 번째 중국 여행길에 나섰다. 이번에도 윌슨은 목표를 달성하는 데 성공했지만 그 과정에서 산사태에 휘말려 다리가 심하게 부러졌다. 하지만 이 와중에도 윌슨은 5만 개의 허브 표본과 거의 1,300개의 종자 꾸러미를 아널드 수목원의 서전트에게 보내는 데 성공했다!

보스턴으로 돌아온 뒤 윌슨은 식물 탐험가로 보낸 11년의 세월을 담은 『중국 서부의 한 박물학자』*A naturalist in Western China*라는 책을 썼고, 그 이후로 아내와 딸과 함께 일본과 대만(당시 포모사라고 불렀다)을 둘러보는 여유로운 동양 여행을 두 번 더 떠났다. 이때에도 윌슨은 진달래, 단풍나무, 라일락*Syringa* spp., 노각나무류*Stewartia*를 비롯해 여러 새롭고 흥미로운 종들을 원예계에 소개했다. 서전트가 죽자 윌슨은 아널드 수목원의 이사직을 맡았고 자신의 식물 수집 일을 소개하는 몇 권의 책을 더 썼다. 이후 영국에 돌아가 조용히 지내려던 윌슨의 꿈은 1930년에 그와 아내가 교통사고로 사망하면서 물거품이 되고 말았다.

새로운 식물을 찾는 동안 겪었던 어려움에 대해 질문을 받으면 윌슨은 항상 탐험이 주는 엄청난 보상에 비하면 아무것도 아니라고 대답하곤 했다. 1927년에 펴낸 저서 『식물 사냥』*Plant Hunting*에서 윌슨은 이렇게 말했다.

"전 세계 정원사들은 그 어느 지역보다도 중국에 가장 큰 빚을 지고 있다. 그곳은 꽃의 왕국이다."

Wood roses 우드로즈

기생식물인 열대 겨우살이의 기주 나무들이 사는 숲에서 나무에 발생하는 기형을 말한다. 기주 나무는 기생식물의 침투를 막으려는 방어적 시도로, 코르크 같은 부름켜를 추가로 만든다. 기주는 기생식물의 부착물인 흡기를 차단하는 기계적인 장애물을 내

놓을 뿐 아니라 살아 있는 기주 자신의 세포와 흡기를 분리하고
자 리그닌, 타닌, 수지를 더 많이 생산한다.

　이러한 방어 전략이 얼마나 성공적인지는 기주 종에 따라 차이
가 있다. 기생식물이 증식해 기주의 조직에 침입하면, 기주는 다른
방향으로 성장해 기생식물의 침투를 막는다. 그 결과 기생식물을
둘러싸고 기주의 목질부가 거푸집 같은 형태가 되며 기생식물이
죽고 썩은 이후에도 기주 나무에 흔적이 남는다. 이 흔적은 종종
복잡한 형태로 남아 꽃 모양을 닮는 경우가 생기기 때문에 '우드
로즈', 즉 나무장미라고 불린다. 이 책에서 다루는 '서리꽃'처럼 진
짜 꽃은 아니다.

　나무에 우드로즈 기형이 발생하는 전 세계 몇몇 지역(예컨대 멕
시코, 인도네시아, 발리)에서는 원주민 장인들이 우드로즈를 주변의
온전한 목재와 함께 깎아내 다양한 장식품으로 만든다. 우드로즈
에 새겨진 동물은 관광객들에게 흥밋거리로 팔려 나간다. 다양한
나무 종이 겨우살이의 공격을 받는 터라 나무의 종류와 우드로즈
의 형태에 따라 장식품의 모양도 달라진다.

World's largest flower (*Rafflesia arnoldii*)
세계에서 가장 큰 꽃, 라플레시아

　꽃의 지름이 최대 약 1미터에 이르는 라플레시아과*Rafflesiaceae*의
기생식물이다. 라플라시아속*Rafflesia*은 동남아시아에 자생하며 그

중 가장 많은 종이 보르네오섬에 서식한다. 이 항목에서 설명할 라플레시아 아르놀디라는 종은 전 세계에서 가장 큰 꽃이라는 기록이 있다. 놀라운 건 이처럼 꽃이 커서 눈에 잘 띄는 라플레시아속 식물의 새로운 종들이 계속 발견되고 있다는 점이다. 비교적 최근까지 미발견종이 많았던 이유는 아마 이 식물의 별난 생활방식 때문일 것이다. 이 식물은 내부기생식물로 자라기 시작해 전적으로 기주의 줄기나 뿌리 안에서만 생활하다가 나중에야 꽃을 피운다. 이 식물이 사람의 눈에 띄는 건 바로 이 시점부터다. 라플레시아속의 주된 기주는 포도과^{Vitaceae}의 구성원들인데, 특히 테트라스티그마속^{Tetrastigma}이나 담쟁이덩굴속^{Cissus}의 식물들이 희생자가 된다.

서구의 식물학자들은 1818년에 수마트라섬에서 이 식물을 처음 발견했고 2년 뒤에 공식적으로 학명을 붙였다.[50] 하지만 이 식물의 생활사에 대해서는 아직 많이 알려지지 않았다. 종자가 어떻게 분산되며, 이 식물이 기주에 어떻게 침투하는지에 대해서는 가설만 제시되어 있을 뿐이다.

이 종이 꽃을 피우기 위해서는 기주의 줄기 안에서 꽃봉오리가 자라기 시작해 개화하기까지 기나긴 과정이 필요하다. 봉오리는

---

50) 전 세계에서 가장 큰 꽃차례를 지닌 일명 '시체꽃' 역시 수마트라섬이 원산지다.

라플레시아는 약 1미터에 이르는
전 세계에서 가장 큰 꽃을 피운다.

기주 안에서 1년 반 넘게 자라다가 마침내 껍질을 뚫고 나온다. 그런 다음 땅 위로 나온 줄기에서 9개월 정도 더 자라며, 이렇게 커다란 양배추 크기에 이를 때까지 오래 기다린 뒤에 마침내 꽃을 피울 준비를 마친다. 이 과정에는 무려 2년 넘는 시간이 필요하다! 포유동물 가운데 가장 길다는 코끼리의 임신 기간이 이보다 짧은 18개월이라는 것을 생각해보라.

이 거대한 꽃의 밑부분은 하나의 관처럼 융합되어 있고, 그 위로 5~6장의 꽃잎 같은 부위가 활짝 펼쳐진다. 중앙에는 위가 열린 돔 같은 구조(격막이라 불린다)를 형성하는 꽃잎의 연장부가 있고, 이 구조가 식물의 번식을 담당하는 부위가 자리한 중앙의 편평한 판을 부분적으로 덮고 있다. 꽃은 고작 5일 정도 지속되다가 시든다.

라플라시아속의 식물은 한 가지 예외를 제외하고는 자웅이주(암수딴몸)이기 때문에 타가수분이 필수적이다. 암수 꽃은 둘 다 불그스름하고 고기가 썩는 냄새를 풍기는데, 이 두 가지 특징은 모두 파리, 그중에서도 검정파리에게 특히 매력적으로 작용한다. 파리들은 꽃 주위에 내려앉아 기어다니는 동안 끈적이는 물질에 의해 뭉쳐진 꽃가루 덩어리를 몸에 묻히고, 나중에 방문한 다른 꽃에 문질러 떨어낸다. 이렇게 생산된 과육이 많은 커다란 열매에는 길이가 1밀리미터도 채 되지 않는 수많은 씨앗이 들어 있다.

X

몇몇 식물은 물이 제한적인 지역에서
살아갈 수 있게 물을 이용할 수 있을 때
저장하도록 적응하고 진화했다.

Xerophytes 건생식물

메마른 외부 조건이나 생리적으로 건조한 상황을 견딜 수 있는 식물들을 말한다. 몇몇 식물은 물이 제한적인 지역에서 살아갈 수 있게 물을 이용할 수 있을 때 저장하도록 적응하고 진화했다. 여기까지 말하면 여러분은 사막에서 자라는 선인장을 비롯한 다육식물들을 즉시 떠올릴 것이다. 이런 식물들은 비가 올 때 다육질의 줄기나 잎에 물을 저장한 뒤 주변 환경이 건조할 때 이 물에 의존한다(그 과정에서 부피가 줄어든다).

그밖에도 가뭄에 맞서 물을 보존하는 다른 방법을 진화시킨 식물들이 있다. 오코틸로*Fouquieria splendens* 같은 일부 사막 식물들은 일 년 중 대부분의 시간을 맨 줄기로 무리 지어 서서 보내다가 비가 온 직후에야 잎을 돋운다. 비는 이 식물이 벌새의 수분을 거쳐 줄기 끄트머리에 선홍색의 꽃송이를 피우도록 유도한다. 이 식물의 잎은 이용 가능한 물이 충분히 있는 한 광합성을 하지만 그렇지 않으면 말라서 잎자루만 남으며, 초식동물이 자신을 먹어치우지 않도록 보호하는 가시로 굳어진다. 잎이 없는 이 기간에도 오코틸로는 녹색 줄기 안에 있는 엽록소로 조금의 광합성을 할 수 있다. 이런 점은 일 년 중 대부분 잎이 없는 채로 살아가며 녹색의 줄기를 가진 또 다른 사막 식물 푸른팔로베르데나무*Parkinsonia florida* 역시 마찬가지다.

식물이 건조한 지역에서 살아남기 위한 그밖의 방법으로는, 짧게 비가 내린 뒤 빗물을 빠르게 흡수할 수 있는 넓게 뻗친 뿌리라든지 지하 깊은 곳의 수원에 접근할 수 있는 곧은뿌리, 물을 저장하는 땅속 구근이나 덩이줄기, 밤에만 기공이 열려 기체를 교환하고 낮에 광합성을 할 때 사용하도록 이산화탄소를 저장하는 방식(이 과정은 CAM이라고 불리는데, '크레슐산 대사'crassulsacean acid metabolism의 약자다), 잎이나 줄기를 왁스나 수지로 덮어 증발을 방지하거나 흰색 막 또는 털로 겉을 덮어 햇빛을 반사하는 방식이 있다. 그리고 마지막으로 물을 사용할 수 있을 때까지 동면에 드는 궁극적인 전략도 존재한다.

이런 건조한 조건에 적응해야 하는 식물이 사막 식물만은 아니다. 나무에 기생하는 착생식물이나 바위에 붙어 살아가는 식물은 (심지어 열대우림에서도) 비가 내려 빗물이 자기 위로 흘러내리기만을 기다린다. 이 가운데에는 다육성 줄기를 가진 착생식물인 선인장(예컨대 공작선인장속Epiphyllum이나 립살리스속Rhipsalis)이 포함되며, 성장기와 휴면기를 번갈아가며 거치는 생활 방식을 가진 식물도 존재하는데 이런 식물을 '부활 식물'이라고도 일컫는다.

Xyris spp. 자이리스

자이리스속은 300여 종이 포함된다고 추정되는 큰 속이며 그중 적어도 절반은 브라질의 토착종으로 살아간다(나머지 종들은 열대 지방 전역과 북아메리카 동부에 분포한다). 한편 자이리스과Xyridaceae

는 4개의 속만 존재하는 작은 과로 모두 남아메리카에서만 서식하며, 그중 3개 속은 대표 종이 한둘뿐이다. 거의 모든 종이 습지에서 땅에 붙은 로제트 식물[51]로 자라며, 일부는 어항을 꾸미는 식물로 활용된다.

자이리스는 잎의 폭이 좁고 화려하지만 오래가지 않는 노란 꽃을 피우는 식물로 영어권에서 '노란눈풀'Yellow-eyed grass이라는 일반명으로 불린다. 꽃은 서로 균등하지 않은 3개의 꽃받침(하나는 얇고 매년 피었다가 떨어지는 반면 나머지 둘은 용골이 있는 보트 모양 구조를 형성한다), 그리고 끄트머리가 발톱 같은 3개의 꽃잎으로 이뤄진 화관(꽃잎이 밑부분으로 갈수록 폭이 좁아진다)으로 구성된다. 대부분의 꽃들은 고작 몇 시간 동안 피었다가 이내 시들기 때문에 쉽게 볼 수 없다. 짧은 개화 기간 동안 꽃들은 꽃가루 매개자들을 유인하는데, 작은 꿀벌들이나 꽃가루를 모으는 꽃등에류가 그 대상이다. 꽃에는 보통 3개의 수술이 털이 난 3개의 헛수술과 교대로 있다. 헛수술의 털은 꽃가루를 모아두는 경향이 있어서 곤충들에게 부차적으로 꽃가루를 제공한다.

브라질에서는 이 속의 일부 종이 장식용 또는 습진과 피부염을 치료하기 위한 의료용으로 과도하게 채집되는 바람에 멸종 위기에 처해 있다. 브라질에 서식하는 일부 자이리스속 종들에 대한

---

51) 짧은 줄기의 끝이 지면에 붙어서 잎이 사방으로 나는 식물—옮긴이.

화학적 분석에 따르면 이 식물들은 플라보노이드라는 색소를 함유하고 있으며, 그 추출물이 특정 균류 병원체의 성장을 억제한다는 사실이 입증되었다. 이러한 연구를 보면, 피부염 치료를 위해 이 식물을 사용했던 민간요법은 어느 정도 효험이 있던 셈이다.

Y

처음에 보라색으로 피어난 꽃은
점점 희미해져 라벤더색이 되었다가,
마침내 흰색이 되며 식물에서 뚝 떨어진다.

Yesterday, today, and tomorrow

(*Brunfelsia pauciflora*) 브룬펠시아 파우키플로라

브라질 남부에 자생하는 종으로 전 세계 열대지방에 걸쳐 관상용으로 널리 재배되는 가지과의 상록수 관목이다. 영어권에서는 '어제, 오늘, 내일의 꽃'이라는 일반명으로 부른다. 이런 이름이 붙은 것은 식물에 꽃이 피고 짧은 시간에 걸쳐 꽃잎 5개를 지닌 관 모양 꽃의 색깔이 변하기 때문이다. 처음에 보라색으로 피어난 꽃은 점점 희미해져 라벤더색이 되었다가, 마침내 흰색이 되며 식물에서 뚝 떨어진다. 물론 일반명이 시사하듯 단 3일 만에 이런 일이 일어나지는 않겠지만, 어쨌든 꽃은 수명이 짧으며 며칠 동안만 식물에 붙어 있다가 떨어지는 게 사실이다.

하나의 식물에서 세 가지 색깔의 꽃을 동시에 볼 수 있는 흥미로운 특성 덕분에 브룬펠시아속^{Brunfelsia}의 많은 품종이 원예용으로 개발되었다.[52] 한편 가지과의 여러 구성원이 그렇듯 브룬펠시아속의 종들 역시 인간과 애완동물 모두에게 독성이 있다.

브룬펠시아속의 또 다른 흥미로운 종은 서인도 제도에 자생하는 향기로운 야행성 식물이며 일반명이 '밤의 여인'인 미국브룬펠

---

52) 예컨대 브룬펠시아 파우키플로라 '플로리번다'(*Brunfelsia pauciflora 'floribunda'*)는 꽃을 풍성하게 피우기 때문에, 학명 자체가 '꽃이 거의 피지 않는 브룬펠시아'라는 뜻인 브룬펠시아 파우키플로라보다 바람직한 특성을 갖도록 개량된 종이다.

브룬펠시아류의 꽃은 보라색이었다가
시간이 지나면서 점점 옅은 색을 띤다.

시아*Brunfelsia americana*(브룬펠시아 파우키플로라의 꽃은 향기가 없다), 그
리고 환각을 일으키는 아마존의 자생종 브룬펠시아 그란디플로
라*Brunfelsia grandiflora*다. 후자는 아마존에 널리 퍼진 열대 질환인 리
슈만편모충증을 낫게 할 약재가 될 가능성을 보여주었다.

Ylang-ylang (*Cananga odorata*) 일랑일랑

뽀뽀나무과*Annonaceae*에 속하는 종으로, 성숙하면 녹색에서 노
란색으로 변하는 길게 축 늘어진 꽃을 피운다. 이 꽃은 향수, 특히

'샤넬 넘버 파이브'와 '찰리 레브론'에 사용되며 아로마 테라피에 쓰이는 에센스 오일의 원료이기도 하다. 꽃에서 좋은 향을 내는 주성분인 리날로올*linalool*은 라벤더*Lavandula* spp., 계피*Cinnamomum* spp., 대마초*cannabis* spp.를 비롯한 다른 여러 식물에도 존재한다. 이 향은 오늘날 시판되는 비누, 로션, 샴푸 가운데 절반 넘는 제품에 사용된다.

19세기에서 20세기 초, 일랑일랑은 마카사르유*macassar oil*라 불리는 남성용 포마드의 필수적인 성분이었다. 이 제품으로 머리를 손질한 남성들은 의자 등받이에 기름진 자국을 남기기 쉬웠고, 그래서 등받이 덮개를 씌우곤 했다.[53] 최근 일본에서 이루어진 꽃봉오리 추출물에 대한 연구에 따르면, 이 추출물은 피부의 어두운 색소로 과도하게 많을 경우 흑색종을 포함한 피부 질환을 일으킬 수 있는 멜라닌의 생성을 억제할 가능성이 있다. 그뿐만 아니라 일랑일랑의 꽃 증류액에서는 많은 항균·항진균·살충성 화합물이 추출되었다.

일랑일랑은 인도, 말레이시아, 필리핀, 인도네시아, 멀게는 오스트레일리아에 이르기까지 폭넓은 서식지를 가진 나무이며 향

---

53) 이 덮개를 '안티마카사르'라고 불렀다. 잘 모르는 젊은 친구들을 위해 설명하자면 안티마카사르란 의자의 직물을 이런 기름얼룩으로부터 보호하기 위해 머리와 닿는 등받이에 까는 조그만 흰 천인데, 때로는 코바늘 뜨개질로 만들기도 했다.

이 좋은 꽃을 피우기 때문에 열대 지방의 다른 나라들에서도 재배된다. 일랑일랑에서 추출한 카낭가유는 코모로 군도와 마다가스카르섬의 주요 수출품으로 이곳에서는 이 종을 직접 재배해 제품을 생산한다. 일반명인 '일랑일랑'은 이 나무의 야생 서식지를 지칭하는 타갈로그어 단어인 'ilang-ilang'에서 비롯했다.

Yucca (*Yucca* spp.) 유카

용설란과^Agavaceae^의 일부인 이 속에는 북아메리카와 중앙아메리카 그리고 카리브해 지역에 서식하는 40~50종의 식물이 속하는데, 대부분은 미국의 남서부 반사막 지역[54]이 원산지다. 유카속의 종들은 크기가 다양하지만, 가장 잘 알려진 종은 가장 큰 조슈아나무^Yucca brevifolia^일 것이다. 이런 이름이 붙은 이유는 이 나무의 가지가 위로 올라간 모습을 본 초기 모르몬교 정착민들이 여호수아(영어권에서는 '조슈아'라고 발음한다)가 사막에서 두 팔을 들어 이스라엘 사람들을 이끌었던 일을 떠올렸기 때문이다. 그밖에 이 속의 몇몇 종은 사이잘 섬유의 재료를 공급하기 때문에 경제적으로 중요한 역할을 한다.

유카속 식물의 꽃차례는 보통 밤에 향이 좋고 큼직하며 크림색을 띤 하얀 종 모양 꽃을 피우는 긴 원추꽃차례. 이 식물이 꽃가

54) 초목이 거의 자라지 않는 사막과 초원의 중간 정도 되는 지역—옮긴이.

루를 수분하는 과정은 '절대적 상리공생'의 또 다른 고전적인 사례다(앞에서 설명한 무화과와 꽃가루 매개자 말벌의 관계와 비슷하다). 절대적 상리공생이란 한 유기체가 생존하기 위해서는 다른 유기체가 반드시 존재해야만 하는 관계를 일컫는다.

이런 기묘한 관계의 또 다른 주인공은 유카나방*Tegeticula yuccasella*이다. 이 야행성 나방은 애벌레일 때는 선호하는 먹이가 극히 제한적이다. 암컷 나방은 조슈아나무의 꽃 위에 착륙해 6개의 수술 중 하나에 올라서는데, 여기서 이 나방은 특별한 모양의 입으로 끈적이는 꽃가루를 모아 단단하게 공 모양으로 뭉친 다음 자기 머리 아래쪽에 붙인다. 그리고 나방은 다른 수술에서도 이런 일을 반복하다가 다른 나무로 날아간다.

이때 만약 그다음 식물의 암꽃 부분이 발달 초기 단계에 있다면 나방은 씨방을 검사해 그것이 적당한 단계인지, 그곳에 다른 나방의 알이 이미 존재하는지를 판단한다(다른 나방이 벌써 들렀다면 그 흔적으로 페로몬을 남겼을 테고, 그러면 이 씨방에는 이미 그 나방의 알이 들어 있을 것이다). 확인 후 아무 이상이 없으면 암컷 나방은 꽃의 암술대를 들어 올린 다음 뒤쪽으로 내려가 자신의 산란관을 씨방에 삽입해 알을 낳는다. 그런 다음 나방은 다시 암술대를 타고 기어올라 자기 머리 아래쪽에 있는 공 모양 꽃가루 덩어리를 암술머리에 문지른다.

이 과정은 두 번 넘게 반복된다. 이때 꽃가루와 함께 수정이 일어난 씨방만이 사라지지 않고 남아 열매로 자라나며 나방의 알과 가까운 하나 이상의 밑씨는 둥근 혹처럼 발달해 성장하는 나방 애벌레에게 먹이를 제공한다(애벌레는 이 혹 외에 성장 중인 다른 씨 앗은 먹지 않는다). 일단 성숙하면, 애벌레는 열매에서 구멍을 뚫고 나와 주변의 흙 속에서 번데기가 된다. 일부 과정은 휴면기를 거쳐 다른 기간에 진행될 수 있으며, 그에 따라 유카속 식물의 개화 시기가 들쑥날쑥해질 수도 있으나 몇몇 유카나방의 출현 기간과는 꼭 겹친다. 대부분의 다른 유카속 식물과 나방의 생활사와 관계도 이 예와 비슷하지만, 새롭고 놀라운 사실은 여전히 계속 밝혀지는 중이다.

Z

방사대칭화의 꽃꿀과 꽃가루는
다양한 곤충 종이 쉽게 접근할 수 있다.
반면에 좌우상칭화는 접근하기가 훨씬 힘들다.

Zingiber (*Zingiber officinale*) 생강

생강속*Zingiber* 식물들은 동남아시아가 원산지인 종들로 그중에는 생강이라는 인기 있는 향신료도 포함된다. 사람들은 생강을 풍미 있고 달콤한 음식의 양념으로 사용할 뿐 아니라 진저쿠키, 생강차, 아시아식 볶음 요리의 재료로도 쓰고 민간요법의 약재로도 활용한다(종명인 *officinale*는 약효가 입증된 식물에만 붙는 이름이다). 생강은 배탈, 멀미, 메스꺼움, 구토를 비롯한 여러 증세를 치료하기 위한 약재로 수 세기 동안 사용되었다. 생강의 약효는 주로 이 식물의 뿌리줄기에 있는 진저롤이라는 성분 덕분이다. 하지만 모든 약재가 그렇듯 생강도 너무 많이 섭취하면 속쓰림이나 설사, 혈소판 응집에 따른 출혈 위험 증가와 같은 부작용을 일으킬 수 있기에 복용량을 지키는 것은 중요하다.

생강은 키가 60~90센티미터 정도인 열대 초본식물로 따뜻하고 습한 반그늘이라는 조건이 갖추어져야 잘 자란다. 하루 만에 피었다가 지는 생강의 꽃은 특이하게 3개의 꽃잎, 단 1개의 수술, 꽃잎처럼 보이도록 변형된 5개의 헛수술, 꽃밥의 두 꽃가루주머니 사이에 숨어 있는 가느다란 암술대를 가지고 있다. 한가운데의 보라색 꽃잎은 다른 두 노란색 꽃잎보다 커서 눈에 띈다. 이런 큼직한 입술 모양 꽃잎을 가졌기 때문에 생강꽃은 난초의 꽃과 비슷해 보인다.

사람들은 생강의 뿌리를 사용한다고 말하지만, 사실 우리가 음식의 맛을 돋우기 위해 날것으로 쓰거나 보존하고, 설탕에 절이고, 말리고, 가루로 만드는 재료는 이 식물의 향이 강한 땅속줄기다.

한편 야생 생강으로 알려진, 미국 북동부에서 봄에 꽃을 피우는 야생화 캐나다족도리풀*Asarum canadense*은 생강과 친척 관계가 아니다. 이런 일반명이 붙은 이유는 이 식물의 땅속 뿌리줄기에도 향이 있어 진짜 생강을 얻을 수 없었던 식민지 초기 정착민들이 맛을 내는 향신료로 대신 사용했기 때문이다. 하지만 캐나다족도리풀은 발암 물질로 알려진 아리스톨로크산을 함유하고 있기 때문에 섭취해서는 안 된다.

Zygomorphic 좌우상칭화

단 하나의 대칭면을 따라 서로 동일한 2개의 형태로 나뉘는 것을 말한다. 꽃은 흔히 대칭면과 관련해서 둘로 나눌 수 있다. 하나는 방사대칭화로 둘 이상의 면을 따라 균등하게 나뉜다(예컨대 튤립이 그렇다). 그리고 다른 하나는 좌우상칭화로, 단 하나의 면을 따라서만 둘로 균등하게 나뉘는 꽃들이다(금어초*Antirrhinum majus*가 그런 예다).

일반적으로 방사대칭화의 꽃꿀과 꽃가루는 다양한 곤충 종이 쉽게 접근할 수 있다. 반면에 좌우상칭화는 접근하기가 훨씬 힘들다. 이런 꽃들의 꽃꿀은 종종 꽃의 구석진 깊은 구석에 있기 때문에, 이 달콤한 보상에 도달하려면 꽃을 잘 탐색할 수 있도록 꽃가루 매개자의 주둥이가 특정한 크기와 생김새, 길이를 갖춰야만 한다. 때로는 이런 꽃과 곤충 사이의 관계가 매우 정교하게 설계되어 단 하나의 꽃가루 매개자 종이나 그 종과 친척인 무리만이 이러한 기능을 수행할 수 있을 정도다.

같은 식물 과에 속하는 구성원들은 대부분 같은 대칭성을 띤다. 예컨대 장미과의 모든 종은 방사대칭화이고 난초과의 모든 종은 좌우상칭화다. 하지만 같은 과에서 꽃의 대칭성이 달라지면 아예 다른 유형의 꽃가루 매개자들을 끌어들인다. 여기에 대한 훌륭한 예가 브라질너트*Bertholletia excelsa*가 속한 오예과다. 여기에는 구스

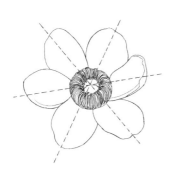 

방사대칭화의 꽃꿀과 꽃가루는
다양한 곤충 종이 쉽게
접근할 수 있다.

좌우상칭화는 단 하나의 면을
따라서만 둘로 균등하게
나뉘는 꽃으로 다양한
곤충 종이 접근하기 어렵다.

타비아속^{Gustavia}으로 대표되는 좀더 원시적인 방사대칭화들도 속하고, 그보다 진화한 레시티스속^{Lecythis}의 좌우상칭화들도 속한다. 전자의 경우 꽃가루 매개자들에게 일반적으로 꽃가루가 주어진다. 중간 크기의 벌들은 수백 개의 수술 사이를 기어다니며 쉽게 꽃가루를 얻을 수 있다. 반면에 후자는 덮개 안에 수술이 빽빽하게 들어차 있는 변형된 꽃을 가졌기 때문에 단단히 감긴 덮개의 끄트머리에 있는 꿀에 도달하려면 아래쪽으로 밀고 들어갈 수 있는 크고 강한 벌이어야 한다. 이 두건은 작은 곤충들이 쉽게 접근하지 못하도록 막는 역할을 한다. 이런 꽃에서는 벌이 꽃의 중심을 향해 이동할 때 꽃가루가 있는 수술에 어쩔 수 없이 부딪힌 다음 암술대에 닿는데 이 과정에서 수분이 일어난다.

감사의 말

먼저 내가 이 책을 쓰도록 권해준 프린스턴대학교 출판부의 로버트 커크Robert Kirk에게 가장 큰 감사를 전한다. 이 책은 재미있는 프로젝트였을 뿐만 아니라, 글을 쓰기 시작한 직후 코로나 팬데믹이 닥치는 바람에 온 세상이 폐쇄되었던 상황에서 격리나 사회적 거리두기 때문에 힘들었던 시기에 그나마 제정신을 유지할 수 있게 해주었다.

또한 로버트 커크와 함께 이 프로젝트를 전체적으로 감독했던 애비게일 존슨Abigail Johnson, 카탈로그를 작성했던 데이비드 캠벨David Campbell, 프로젝트를 완성하기까지 지켜본 제작 담당자 마크 벨리스Mark Bellis를 비롯해 나와 긍정적인 상호작용을 나눈 프린스턴대학교 출판부의 여러 직원에게도 감사드린다. 특히 로렐 앤더턴Laurel Anderton의 능숙한 교정교열과 통찰력 있는 논평은 원고를 개선하는 데 많은 도움이 되었다.

또한 나는 이 책에 포함된 여러 삽화를 그려준 에이미 진 포터를 알게 되어(비록 직접 만난 게 아니라 간접적으로 만났지만) 무척 기쁘게 생각한다. 어쩌면 언젠가 함께 야생화를 찾아 들판을 누빌 날이 올지도 모르겠다. 포터의 삽화는 대부분 내가 찍은 사진을 바탕으로 그려지긴 했지만, 포터가 카카오를 그릴 수 있도록 사진을 제공해준 건 남편 스콧 모리Scott Mori였다. 이 자리를 빌려 고마

움을 전한다. 그뿐만 아니라 포터가 『수분과 꽃 생태학』이라는 책에서 팻 윌머Pat Willmer가 그린 무화과와 말벌 그림을 다시 재구성해 그리도록 허락해준 프린스턴대학교 출판부에도 감사하다.

또한 항상 그렇듯이, 이 프로젝트에 시간을 쏟고 전념할 필요성을 이해하고 내가 일을 잘 끝마치기를 바랐던 남편에게 감사를 전한다. 그리고 다양한 전자적 수단을 통해 연락을 주고받는 가족과 친구들에게도 감사드린다. 비록 물리적으로 직접 만나지는 못했지만 이들과 이야기를 나누며 나는 기운을 충전할 수 있었다.

참고 자료

식물학과 분류학

Ambrose, Jamie, Ross Baylon, Matt Candeias, et al, *Flora: Inside the Secret World of Plants,* New York: DK Publishing(in association with the Smithsonian and the Royal Botanic Gardens, Kew), 2018.

Fernald, Merritt Lyndon, *Gray's Manual of Botany,* 8th ed., New York: American Book Company, 1950.

Flora of North America Editorial Committee, eds., *Flora of North America North of Mexico,* 16+ vols. 1993+, Accessed 2020; http://www.fna.org/families.

Gleason, Henry A., and Arthur Cronquist, *Manual of the Vascular Plants of the Northeastern United States and Adjacent Canada,* 2nd ed., Bronx: New York Botanical Garden Press, 2004.

Go Botany, Native Plant Trust, Framingham, Massachusetts, 2020, Accessed 2020; https://gobotany.nativeplanttrust.org.

Heywood, V.H., R.K. Brummit, A. Culham, and O. Seberg, *Flowering Plant Families of the World,* Ontario: Firefly Books, 2007.

Mabberley, David J., *Mabberley's Plant-Book,* 3rd ed., Cambridge: Cambridge University Press, 2008.

Pell, Susan K., and Bobbi Angell, *A Botanist's Vocabulary,* Portland,

Oregon: Timber Press, 2016.

Smith, Nathan, Scott A. Mori, Andrew Henderson, Dennis Wm. Stevenson, and Scott V. Heald, eds., *Flowering Plants of the Neotropics,* Princeton University Press(in association with the New York Botanical Garden), New Jersey: Princeton, 2004.

Tropicos.org, Missouri Botanical Garden, 2020, Accessed 2020; http://www.tropicos.org.

식물 예술

Morrison, Tony, ed., *Margaret Mee: In Search of Flowers of the Amazon Forests,* Woodbridge: Nonesuch Expeditions, 1988.

Rice, Tony, *Voyages of Discovery: Three Centuries of Natural History Exploration,* New York: Random House, 1999.

Stiff, Ruth, *Margaret Mee: Return to the Amazon,* Kew, London: Royal Botanic Gardens, 1996.

식물 탐사

Fry, Carolyn, *The Plant Hunters: The Adventures of the World's Greatest Botanical Explorers,* Chicago: University of Chicago Press, 2013.

Musgrave, Toby, Chris Gardner, and Will Musgrave, *The Plant*

Hunters: Two Hundred Years of Adventure and Discovery around the World, London: Seven Dials, 1998.

관상화와 설상화

Roque, Nádia, David J. Keil, and Alfonso Susanna, "Illustrated Glossary of Compositae," in *Systematics, Evolution, and Biogeography of Compositae,* edited by Vicki A. Funk, Alfonso Susanna, Tod Stuessy, and Randall J. Bayer, Vienna: International Association for Plant Taxonomy Conference, 2009, pp.781~806.

염료 식물

Dye Plants and Dyeing: A Handbook, Special issue, Plants and Gardens 20 (3), Brooklyn, New York: Brooklyn Botanic Garden, 1964. pp.1~100.

민족식물학

Bennett, Bradley, "Doctrine of Signatures: An Explanation of Medicinal Plant Discovery or Dissemination of Knowledge?" *Economic Botany* 61 (3), 2007, pp.246~55.

반착생식물

Mori, Scott, "Secondary Hemiepiphyte," Glossary for Vascular Plants, New York Botanical Garden, 2020, Accessed 2020; http://sweetgum.nybg.org/science /glossary/glossary-details/?irn=1711.

Zotz, Gerhard, "'Hemiepiphyte': A Confusing Term and Its History," *Annals of Botany* 111, 2013, pp.1015~20.

향수

Newman, Cathy, *Perfume: The Art and Science of Scent,* Washington D.C.: National Geographic Society, 1998.

파인애플

Davidson, Alan, and Charlotte Knox, *Fruit: A Connoisseur's Guide and Cookbook,* New York: Simon & Schuster, 1991.

독초

Dauncey, Elizabeth A., and Sonny Larsson, *Plants That Kill: A Natural History of the World's Most Poisonous Plants,* Princeton, New Jersey: Princeton University Press, 2018.

수분

Dafni, A., *Pollination Ecology: A Practical Approach,* New York: Oxford University Press, 1992.

Fægri, K., and L. van der Pijl, *The Principles of Pollination Ecology,* 3rd rev. ed., Oxford: Pergamon Press, 1979.

Willmer, Pat, *Pollination and Floral Ecology,* Princeton, New Jersey: Princeton University Press, 2011.

사와로선인장

Drezner, Taly Dawn, "The Keystone Saguaro(Carnegiea gigantea, Cactaceae): A Review of Its Ecology, Associations, Reproduction, Limits, and Demographics," *Plant Ecology* 215, 2014, pp.581 ~95.

Fleming, Theodore H., "Pollination of Cacti in the Sonoran Desert: When Closely Related Species Vie for Scarce Resources, Necessity Is the Mother of Some Pretty Unusual Evolutionary Inventions," *American Scientist* 88 (5), 2000, pp.432~39.

자주달개비

Ibrahim, Rusli, Rosinah Hussin, Nur Suraljah Mohd, and Norhafiz Talib, "Plants as Warning Signal for Exposure to Low Dose

Radiation," Oral presentation at Research and Development Seminar, Bangi, Malaysia, September 26–28, 2012.

Schairer, L.A., J. Van't Hof, C.G. Hayes, R.M. Burton, and F.J. de Serres, "Exploratory Monitoring of Air Pollutants for Mutagenicity Activity with the *Tradescantia* Stamen Hair System," *Environmental Health Perspectives* 27, 1978. pp.51~60.

튤립과 튤립 파동

Christenhusz, Maarten, Rafael Govaerts, John C. David, et al., "Tiptoe through the Tulips–Cultural History, Molecular Phylogenetics and Classification of Tulipa (Liliaceae)," *Botanical Journal of the Linnean Society* 172, 2013, pp.280~328.

지하란

Bernhardt, Peter, *Wily Violets and Underground Orchids: Revelations of a Botanist,* New York: Random House, 1989.

Maas, Hiltje, and Paul J.M. Maas, "A New *Thismia* (Burmanniaceae) from French Guiana," Brittonia 39 (3), 1987, pp.376~78.

Thorogood, C.J., J.J. Bougoure, and S.J. Hiscock, "*Rhizanthella*: Orchids Unseen," Plants, People, Planet 1, 2019, pp.153~56.

주변 식물에 애정 어린 눈길을

• 옮긴이의 말

이 책은 동식물 연구가이자 사진가인 캐럴 그레이시가 쓴 식물에 관한 A부터 Z까지의 짧은 항목별 개요서다.

우리나라에도 반려동물뿐만 아니라 반려식물을 가까이 두고 키우는 '식물 집사'들이 상당히 많다. 영어권에서는 식물을 키우는 데 특별한 솜씨와 재능이 있는 사람을 두고 '초록 엄지손가락'green thumb을 가졌다고 말한다. 하지만 이 관용구가 시사하는 바대로 그런 재능은 선천적으로 타고나는 것일까? 그러면 원예 재능을 갖고 태어나야만 식물을 잘 기를 수 있다는 얘기인데, 개인적으로 나는 그렇지 않다고 믿고 싶다. 사람의 능력은 본성 아니면 양육에서 비롯한다고 하는데 전자는 타고난 영역이고 후자는 교육이나 환경으로 길러지는 영역이라 할 수 있다. 본성과 양육은 둘 다 중요하고 어느 하나를 배제하거나 간과할 수는 없다. 그러니 후천적으로 경험을 통해 요령을 터득하고 식물에 대한 지식과 관심을 기르면, 아무리 처음에 서툴렀다 하더라도 식물을 잘 돌볼 수 있을 것이다. 최소한 우리 주변의 식물에 대해 좀더 애정을 갖고 예전과 다른 눈으로 바라보게 된다.

그런 의미에서 이 책은 우리가 식물과 한 발짝 더 친해지게 하는 길잡이가 되어줄 것이다. 물론 영어권 서적이라서 이 책이 소개하는 식물과 우리 땅에서 흔히 보이는 식물들은 조금 다를 수 있다. 하지만 같은 무리에 속하는 종들은 꽤 비슷하다. 예컨대 우리나라에서 관상수로 많이 심고 5월에서 6월 사이에 하얀 꽃이 피는 산딸나무(내가 최근에 집 주변을 산책하다가 유심히 본 나무다)는 이 책의 풀산딸나무와 꽃이 똑같이 생겼다. 초본과 목본이라는 차이가 있지만 같은 층층나무과이기 때문일 텐데, 나무 버전을 보면 잎이 '층층'으로 나 있는 특징이 뚜렷하게 보인다.

그밖에도 닭의장풀이나 연꽃, 제비꽃처럼 우리 주변에서 볼 수 있는 식물도 있고, 파인애플, 카카오나무, 정향, 생강처럼 자라는 모습을 쉽게 볼 수는 없지만 우리에게 익숙한 식물들도 등장한다. 폐쇄화라든가 꽃차례, 꽃가루 매개자, 학명과 일반명 같은 식물학 용어들에 대해서도 이 책을 읽다 보면 익숙해질 것이다.

독자 여러분이 이 책을 통해 식물과 좀더 가까워지기를 바란다. 공원을 산책할 때도, 식물원이나 수목원에 들렀을 때도 아는 만큼 보이고 그만큼 더 즐거울 것이다. '초록 엄지손가락'이 되는 데 조금은 도움이 될지도 모른다!

끝으로 번역 원고를 꼼꼼하게 살펴주신 한길사 편집부의 박홍민 님에게 감사드린다.

2024년 6월

김아림

한글 찾아보기(ㄱ~ㅎ)

Pedia A-Z 꽃

지은이 캐럴 그레이시
그린이 에이미 진 포터
옮긴이 김아림
펴낸이 김언호

펴낸곳 (주)도서출판 한길사
등록 1976년 12월 24일 제74호
주소 10881 경기도 파주시 광인사길 37
홈페이지 www.hangilsa.co.kr
전자우편 hangilsa@hangilsa.co.kr
전화 031-955-2000~3 **팩스** 031-955-2005

부사장 박관순 **총괄이사** 김서영 **관리이사** 곽명호
영업이사 이경호 **경영이사** 김관영 **편집주간** 백은숙
편집 박홍민 배소현 박희진 노유연 이한민 임진영
마케팅 정아린 이영은 **관리** 이주환 문주상 이희문 원선아 이진아
디자인 창포 031-955-2097
인쇄 신우 **제책** 신우

제1판 제1쇄 2024년 7월 15일

값 21,000원

ISBN 978-89-356-7876-1 03480
• 잘못 만들어진 책은 구입하신 서점에서 바꿔드립니다.